· 写给小学生的科学知识系列 ·

历史这么有趣

隋唐到清

尹　硕◎编著

吉林科学技术出版社

图书在版编目（CIP）数据

历史这么有趣 / 尹硕编著 . -- 长春 : 吉林科学技
术出版社，2024.2
（写给小学生的科学知识系列）
ISBN 978-7-5744-0605-6

I. ①历… II. ①尹… III. ①科学技术—技术史—中
国—少儿读物 IV . ① N092-49

中国国家版本馆 CIP 数据核字（2023）第 130193 号

写给小学生的科学知识系列

历史这么有趣

LISHI ZHEME YOUQU

编 著	尹 硕	
出 版 人	宛 霞	
责任编辑	周 禹	
助理编辑	宿迪超 郭劲松 徐海韬	
封面设计	长春美印图文设计有限公司	
美术设计	李 涛	
制 版	上品励合（北京）文化传播有限公司	
幅面尺寸	170 mm × 240 mm	
开 本	16	
字 数	150 千字	
印 张	12	
页 数	192	
印 数	1-6000 册	
版 次	2024 年 2 月第 1 版	
印 次	2024 年 2 月第 1 次印刷	

出 版	吉林科学技术出版社	
发 行	吉林科学技术出版社	
社 址	长春市福祉大路 5788 号出版大厦 A 座	
邮 编	130118	

发行部电话 / 传真　0431-81629529　81629530　81629531
　　　　　　　　　　　81629532　81629533　81629534

储运部电话　0431-86059116

编辑部电话　0431-81629378

印　　刷　长春百花彩印有限公司

书　　号　ISBN 978-7-5744-0605-6
定　　价　90.00 元（全 3 册）

目　录

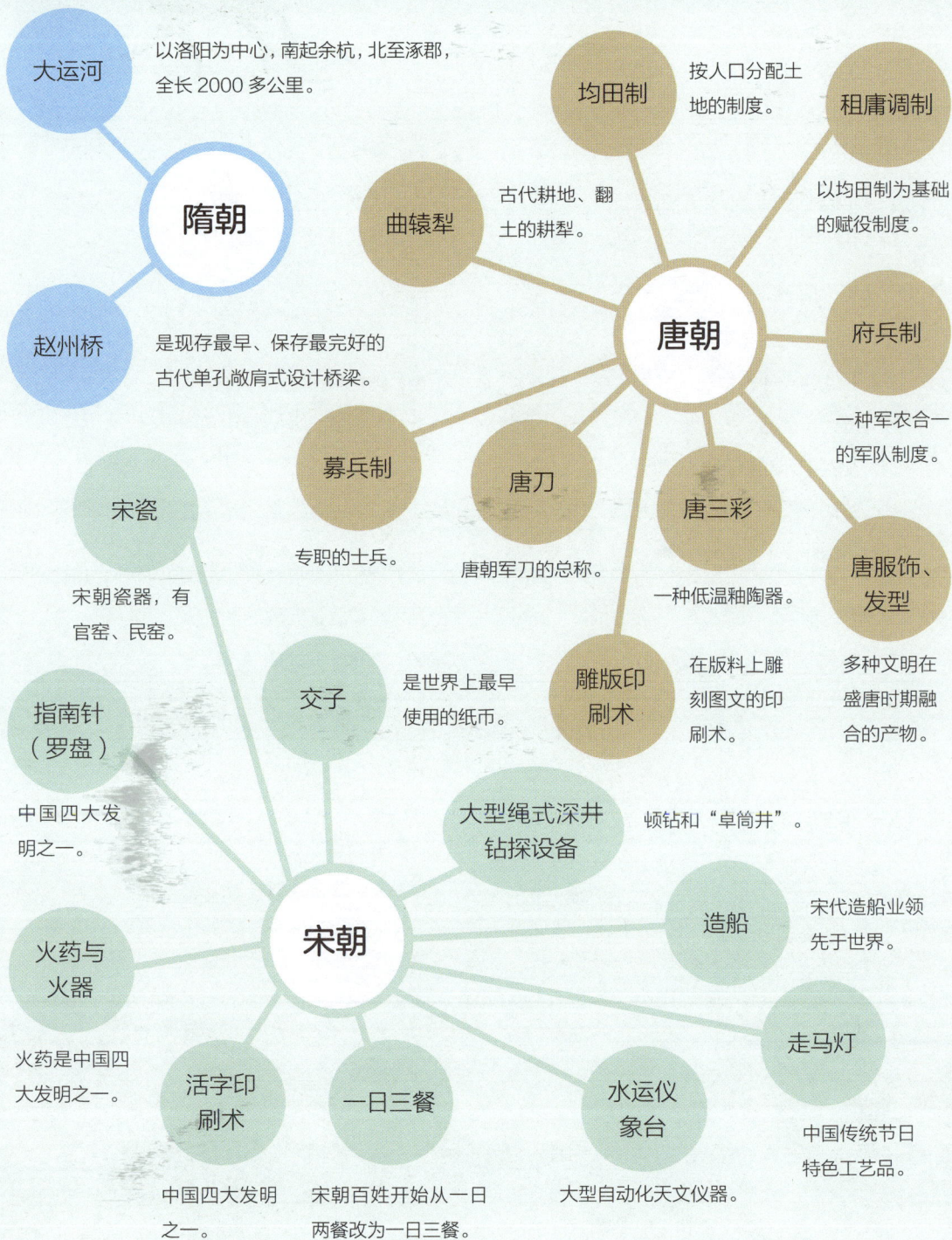

大运河

以洛阳为中心，南起余杭，北至涿郡，全长 2000 多公里。

隋朝

赵州桥

是现存最早、保存最完好的古代单孔敞肩式设计桥梁。

均田制

按人口分配土地的制度。

租庸调制

以均田制为基础的赋役制度。

曲辕犁

古代耕地、翻土的耕犁。

唐朝

府兵制

一种军农合一的军队制度。

募兵制

专职的士兵。

唐刀

唐朝军刀的总称。

唐三彩

一种低温釉陶器。

唐服饰、发型

多种文明在盛唐时期融合的产物。

雕版印刷术

在版料上雕刻图文的印刷术。

宋瓷

宋朝瓷器，有官窑、民窑。

交子

是世界上最早使用的纸币。

指南针（罗盘）

中国四大发明之一。

大型绳式深井钻探设备

顿钻和"卓筒井"。

宋朝

造船

宋代造船业领先于世界。

火药与火器

火药是中国四大发明之一。

走马灯

中国传统节日特色工艺品。

活字印刷术

中国四大发明之一。

一日三餐

宋朝百姓开始从一日两餐改为一日三餐。

水运仪象台

大型自动化天文仪器。

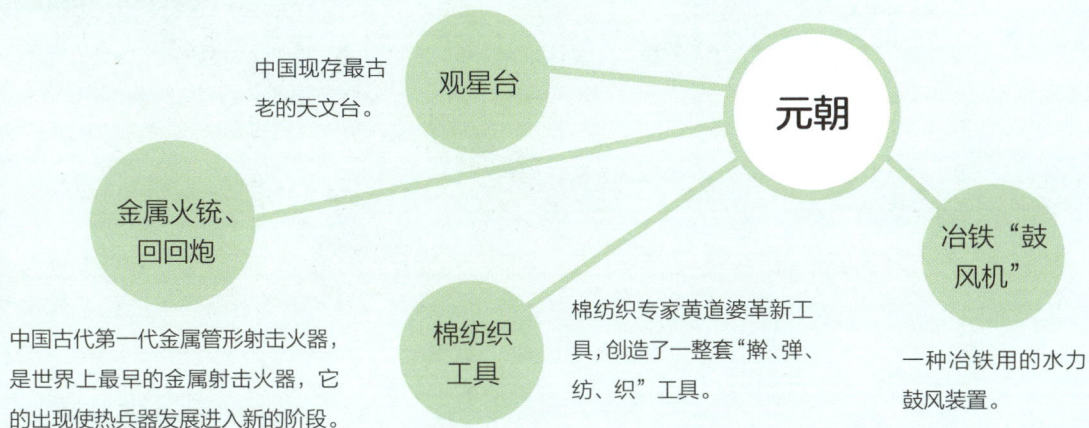

中国现存最古老的天文台。 **观星台** **元朝**

金属火铳、回回炮

冶铁"鼓风机"

棉纺织专家黄道婆革新工具，创造了一整套"擀、弹、纺、织"工具。 **棉纺织工具**

中国古代第一代金属管形射击火器，是世界上最早的金属射击火器，它的出现使热兵器发展进入新的阶段。

一种冶铁用的水力鼓风装置。

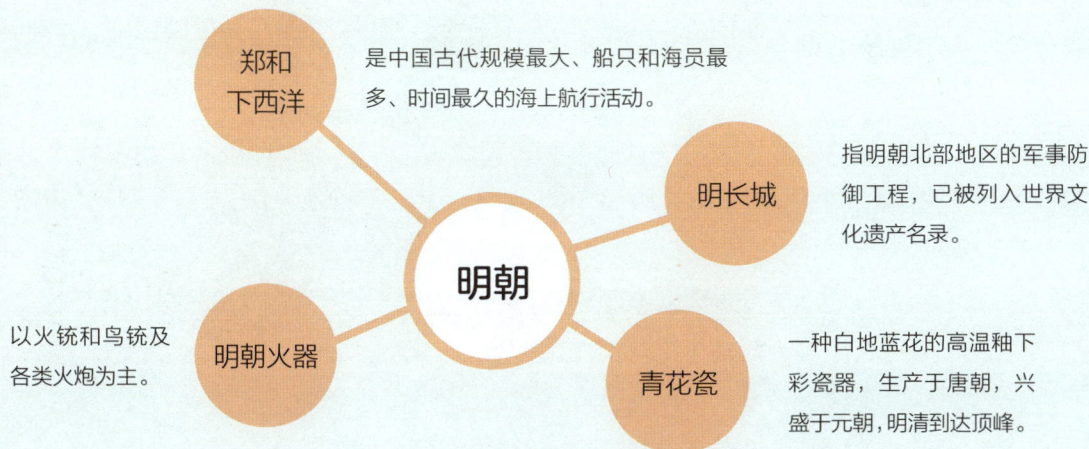

郑和下西洋 是中国古代规模最大、船只和海员最多、时间最久的海上航行活动。

明长城 指明朝北部地区的军事防御工程，已被列入世界文化遗产名录。

明朝

以火铳和鸟铳及各类火炮为主。 **明朝火器**

青花瓷 一种白地蓝花的高温釉下彩瓷器，生产于唐朝，兴盛于元朝，明清到达顶峰。

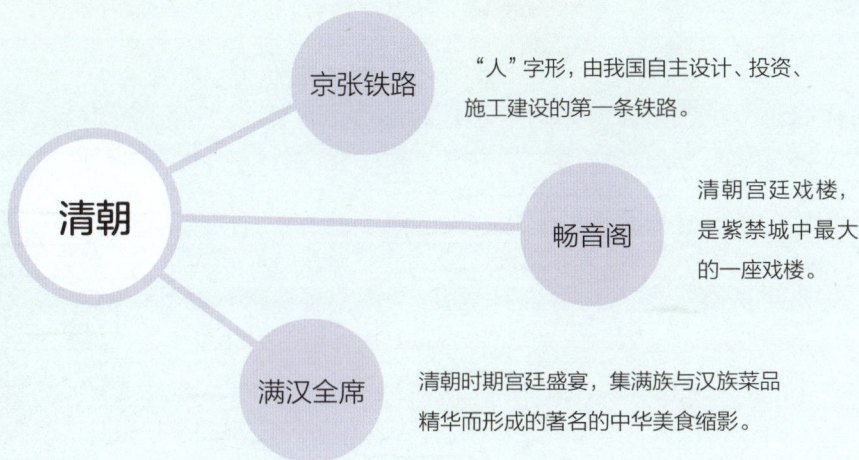

京张铁路 "人"字形，由我国自主设计、投资、施工建设的第一条铁路。

清朝

畅音阁 清朝宫廷戏楼，是紫禁城中最大的一座戏楼。

满汉全席 清朝时期宫廷盛宴，集满族与汉族菜品精华而形成的著名的中华美食缩影。

01 "超级工程" 开凿大运河

隋朝建立后，隋文帝做了很多治理国家的好事，百姓安居乐业，到了他的儿子隋炀帝杨广做皇帝的时候，也许是为了证明不比他爸爸差，他也要做点什么，在反复考量后他做出了一个战略性决策——开凿大运河。

公元608年，征调百万民工开凿永济渠。

洛阳

公元605年，修建通济渠，沟通黄河与淮河。

公元605年，隋炀帝正式下令开凿大运河，将前朝运河联合贯通，形成了以洛阳为中心，北达涿郡，南到余杭，连接海河、黄河、淮河、长江、钱塘江五大水系，全长两千多米的一条纵贯南北的大运河。

这条大运河先后分四段工程，征调几百万农民才完成。

小知识

为什么隋炀帝要开凿大运河呢？

为了巩固隋朝对全国的统治，促进南北经济交流，隋炀帝需要一条贯通南北的便利交通通道，这是他的政治抱负。

公元 605 年，疏通邗沟，畅通长江和淮河。

余杭

公元 610 年，开凿江南河，沟通长江和钱塘江。

7

赵州桥，单孔敞肩石拱设计

赵州桥，又叫安济桥，位于河北省赵县的洨水上，是隋朝著名匠师李春设计和建造的，始建于公元 595 年（隋文帝时期），建成于公元 606 年（隋炀帝时期），距离今天已经有约 1400 年的历史，是现存最早、保存最完善的古代敞肩石拱桥。

赵州桥独特的设计，让它即使经历多次洪水、地震仍能安然无恙。

◎ 单孔低弧，敞肩设计

赵州桥桥长五十多米，宽九米多，由石头砌成的，没有桥墩，只由一个低弧度拱形大桥洞和四个小桥洞组成。这就是敞肩设计，能既减轻桥身重量，节省石料，还能在汛期时起到分洪效果，让桥不容易被大水冲毁。

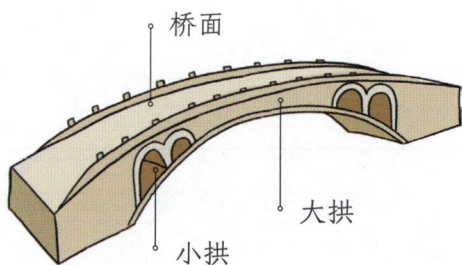

桥面

大拱

小拱

◎ 天然基土

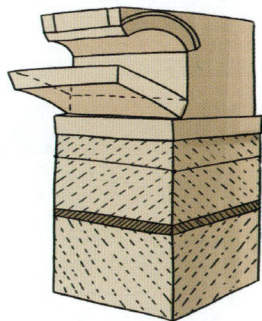

赵州桥的稳固和地基有关，桥的基础由五层浆砌石组成，每层较上层稍出台一点，呈台阶状。这种地基结构能承受大桥的重量。

◎ 纵连砌券法

赵州桥摒弃传统的并列式堆砌，采用纵连砌券法，4 层堆砌，共 28 道弧形石砌券并排，石块之间再用两组腰铁加固，即使桥洞有损坏，也不会影响整座桥的稳固。

赵州桥采用的就是这种纵连式拱券

并列式拱券

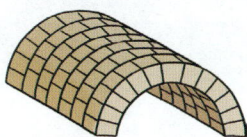

纵连式拱券

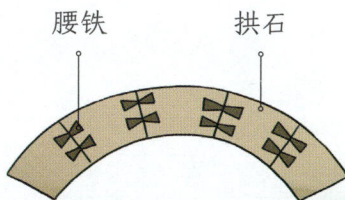

腰铁　　　　拱石

此外，赵州桥在美观上也下了不少功夫，桥上栩栩如生的龙图腾，彰显着这座桥的艺术之美。

03 均田制和租庸调制

唐朝建立，百废待兴，为了稳定社会，解决百姓之苦，发展农业成了当务之急。在这样的背景下，唐太宗着手农业改革，推行均田制和租庸调制。

◎ 均田制

这一制度在北朝时期出现，在唐朝做了升级和发展，一方面将土地分给贵族和官员，另一方面分给农民，规定土地可以买卖。这一制度造成有钱人兼并土地愈演愈烈，农民土地少，交不起税，只能卖田，去地主家做工，于是均田制瓦解了。

永业田

转化　投靠

◎ 租庸调制

唐朝初期，均田制让农民有了足够的田地，但是还不能保证满足赋税的增加。于是，衍生出了租庸调制的赋税制度。

租，是成年男子每年向官府缴定量谷物，作为地租；庸，是服徭役人群可以用细绢或布匹代替徭役；调，是对于劳动力不足的人，可用缴纳绢或布匹来替代。

在均田制与租庸调制的配合之下，农民有了土地，纳绢也可以替代徭役，缴纳的赋税也不是非常沉重，又能够保障一定的农耕生产时间，可谓一举多得，百姓生活稳定，唐朝也变得繁荣起来。

曲辕犁：使精耕细作成为可能

古时候人们很早就开始了农耕生活，而且懂得制作各种农具，从粗糙的耒耜工具，到后来的犁，农具不断升级改造，到了唐朝更是发明了曲辕犁，极大地提高了生产效率。

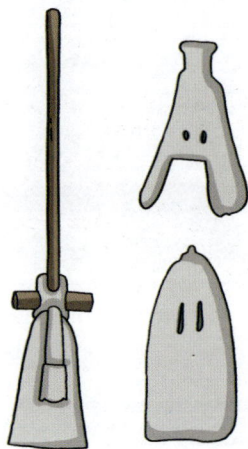

早期人类将打磨的兽骨、石头、木头绑在木柄上，制成骨耜、石耜、木耜，用来翻整土地。到了商周，随着冶炼技术的提高，铁器出现，木耜开始套上铁制的尖刃，类似于现在的铲子。

耒与耜

耒耜，人们用它翻土

汉代的直犁

到了春秋战国，农业发展迅速，充满智慧的古代百姓又在耒耜的基础上发明了犁。人们尝试用牛拉犁耕田，但是那时的犁还非常简陋。直到汉代，出现二牛抬杠式"长直辕犁"，犁才有了基本雏形。

长直辕犁的缺点是架太大，起土费力，辕是直的，耕地时转弯不够灵活，效率不高。

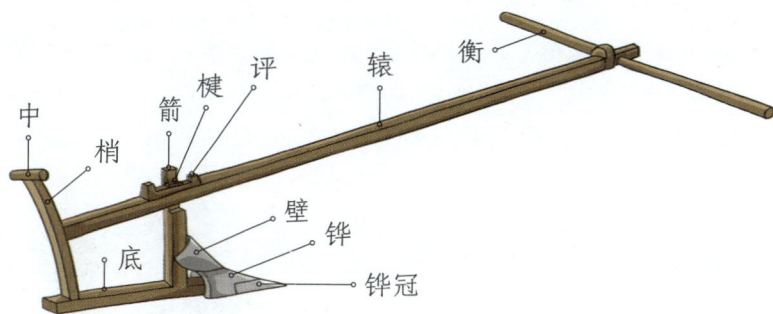

长直辕犁

到了唐朝，犁得到改良，于是操作起来更加方便的曲辕犁诞生了。

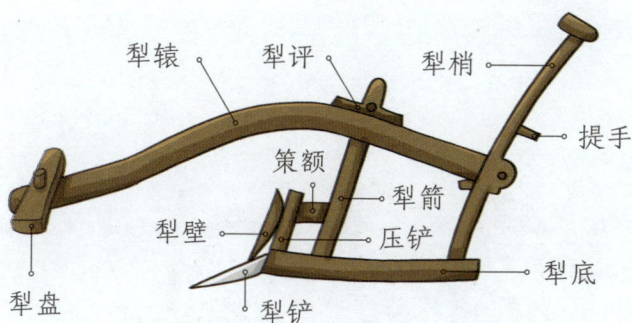

曲辕犁在设计上将直辕、长辕改成了曲辕和短辕，辕头安装可以自由转动犁盘，这让犁架变得灵巧，犁身可以摆动，在耕田时更利于掉头和转弯，便于深耕和回旋。

曲辕犁的出现，提高了耕作效率，农民使用起来省力、省时。从设计上，曲辕犁是当时人类最先进的耕地农具，领先欧洲近2000年。

小知识

曲辕犁又被称为江东犁，因为最早出现于江东地区，更适合江南水田面积小的耕种特点，所以得此称呼。

唐兵与唐刀

在唐朝的军队建设上，前期以沿袭前朝的府兵制为主，到了后期开始出现募兵制，国家有了职业军人。

◎ 府兵制与募兵制

府兵制，是一种兵农合一的军制，和平时期府兵就是农民，到了战争时期，这些人扔下锄头，拿上武器成为士兵。

是兵也是农民的府兵

府兵制规定，每名士兵要准备一张弓、三十支箭、胡禄（一种箭囊）、横刀，还有一些生活物资，并不是说这些装备要每天带着，而是根据不同情况带上不同的武器。如果去执行守卫任务，只需要带弓箭、横刀就行了；如果是作战任务，那就会按照政府标准配给铠甲、弩、长矛等重型装备。

到了唐朝的中后期，府兵制瓦解，募兵制登上唐朝历史舞台，最大的特点是士兵从义务兵变成了专职士兵，士兵不再是农民，而是国家军人。

◎ 主流作战武器——唐刀

唐刀并不是单指某种刀，而是泛指唐代的军刀制式总称，根据类型的不同我们将唐刀划分为四大制式，分别是仪刀、障刀、横刀以及陌刀。

仪刀：外形最接近其祖先的"环首刀"，基本上是作为皇家御用军队和侍卫的重要兵器，刀身比较长且刀柄形制有龙凤环式样，装饰奢华，彰显皇家威仪。一般情况下都是双手持刀，竖着触地，有点类似于拄拐杖。

障刀：据史料记载，障刀"盖用障身以御敌"，可以看出这是一种防身用的刀，在战场上用来格斗。

横刀：是从"环首刀"改进而来，横道近似于直刀，去掉了刀柄尾部的环，加长了刀柄，让双手可以持刀，是兵士普遍佩带的刀。

陌刀：重兵器，是一种最具杀伤力的刀，因军事需求不同，陌刀刀型有很多种。

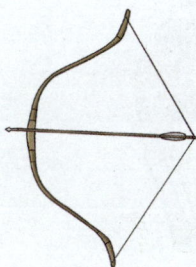

◎ 远程武器：弓箭

唐朝的主要远程武器是弓箭和弩箭，与佩刀一样，人手一具。

闻名中外的唐三彩

唐朝时期，国家经济发达，各种文化和思想争奇斗艳，陶瓷手工业兴盛，于是富有生活气息、造型生动逼真、色彩艳丽的彩陶工艺品——唐三彩就华丽诞生了。

◎ 釉色工艺

在色彩上，唐朝首创釉色方法，匠人们巧妙地运用黄、绿、白三色施釉，在烘制过程中让颜料发生化学变化，最终釉色融化流动，出窑以后，三彩就变成了很多的色彩，颜色自然协调，无不显出唐朝富丽堂皇的艺术特色。

◎ 造型多样

在造型上，唐三彩可以称得上丰富多彩，主要分为生活用具、模型、人物、动物四大类。其中马、骆驼造型居多，一方面当时马和骆驼是重要的交通工具，另一方面宫廷贵族们对马十分青睐，所以匠人们将生活融入工艺品中，增添了浓厚的生活气息。

同时，唐三彩的造型圆润饱满、线条流畅、生动逼真。在人物俑中，女俑头梳单高髻，双颊丰满，神态悠然娴雅；而武士怒目圆睁，好不威风。

◎ 二次烧制法

唐三彩采用的是二次烧制法。从原料上来看，它的胎体是由白色的黏土制成的，在窑内经过1000～1100℃的素烧，将焙烧过的素胎经过冷却后，再施以配制好的各种釉料入窑釉烧，其烧成温度为850～950℃。在釉色上，将各种氧化金属作为呈色剂，经煅烧后显现出各种色彩。

唐三彩的兴起与发展，仿佛也是唐朝兴衰的见证，从初唐时期的兴起，到盛唐时期鼎盛，最终在安史之乱后一步一步走向凋零。唐朝人用满腔的热忱将色彩发挥到了极致，成就了绚烂多彩的唐三彩。

小知识

精美的唐三彩在当时被用来干什么呢？

唐朝国力雄厚，经济发达，统治阶级极尽奢华，所以崇尚厚葬之风，而精美的唐三彩常常用作陪葬品。上至贵族高官，下至富贵百姓都常常用大量唐三彩陪葬，并相互攀比炫耀，客观上也促进了唐三彩的发展壮大。

唐女子服饰发型变得更大胆

盛唐之下，"唐衣"呈现出华美艳丽、款式新颖、时尚大胆的繁荣景象。后来女皇帝武则天继位，女子地位变得更高，为了彰显女性地位，唐女子们更是作为时尚潮流的引领者，在服饰、发型上下足了功夫。

◎ 唐人爱半臂衫

半臂，是一种短袖上衣，从魏晋时期的上襦发展而来，在唐朝初期成为宫中女史和民间女子的摩登装束。直到唐后期半臂才走向没落。

半臂一般有对襟和套衫两种形制。其中对襟穿时在胸前系带；套衫穿时从上套下，领口宽大，呈袒胸状，款式多样。

对襟直领式

右衽交领式

方形袒领式

深 U 袒领式

心型套头式

V 领套头式

在唐初期半臂窄小贴身，低领口套头居多；到了盛唐时期，变得宽松；在武则天统治的末期，半臂变为对领系带款式。

武则天时期半臂

半臂穿法有两种：一种穿在衫裙的外面盖住裙腰，一种是半臂下摆在襦衫的里面。

穿在裙内　　　　　　穿在裙外

◎ 衫裙

爱美的女子们都喜欢穿漂亮的裙子，在唐朝衫裙也最为流行，以裙腰较高为特点，主要有两种款式：

齐胸衫裙　　　　　高腰襦裙

裙子的系带方式：先是在中间打结，然后向两侧旋转缠绕到适合位置，再固定打结。

拜倒在石榴裙下

小知识

　　唐朝的裙子除了设计独特，在用色上艳丽大胆，色彩鲜亮，其中颜色火红的石榴裙，更是在唐朝盛极一时。传说，杨贵妃非常喜爱石榴裙，有一次唐玄宗宴请百官，想让杨贵妃亲自献舞，但是杨贵妃认为百官没有对她行礼拒绝登场，于是唐玄宗立即让百官跪拜，当时杨贵妃正好穿着石榴裙，于是就有了"拜倒在石榴裙下"的典故。

◎ 大袖衫

　　唐朝纺织业发达，用纱罗做女服是唐朝服饰中的一个特色，内穿抹胸长裙，外穿半透明轻纱大袖长衫，配上披帛，纱衣长裙，女子的曼妙姿态尽显其中，尤其深受贵妇们喜爱。

> **小知识**
>
> ### 袒胸装不是人人都能穿的
>
> 　　唐盛之下，唐朝女子一改封建保守作风，出现了大胆前卫的"袒胸装"。但袒胸装并不是人人都可以穿的，能够穿袒胸装的基本都是拥有贵族背景的女子，普通的平民百姓穿不起，因为袒胸装比较昂贵。袒胸装一般都是在宫廷宴会或者闺阁中穿着，因为这些场合相对私密。

◎ 穿胡服

　　也许是因为唐朝皇室有着"胡人血统"，所以唐朝贵族女性对充满异域风情的胡服也很热衷。盛唐时期，穿上胡服，把自己装扮成一名胡人，是唐朝女子的一种街头穿衣时尚。

◎ 着男装

　　在古代封建社会女子穿男装是不被允许的，然而在唐朝却一度发生了变化，上至女皇公主，下至市井民女，都喜欢着男装，甚至成为一种潮流。唐朝女子可以穿着男装去参加狩猎、骑马、出游等活动。

不光唐朝女子的服饰越来越时尚大胆，唐朝女子们的发型也发生了不小的变化。

◎ 初唐

初唐时期的社会风气雄健，女子们的高耸发髻更贴合时代特点。高鬟主要使用假发填充，这样才能显得高耸，那个时候在长安城中有半翻髻、反绾髻等发型。

半翻髻　惊鹄髻　反绾髻

盛唐氏高髻　倭堕髻　球形髻

◎ 盛唐

到了盛唐时期，女子们的服装有了改变，发饰也随之发生了变化，其中倭堕髻最为流行，就是将头发从两鬓梳到脑后，掠到头顶挽成一髻或者两髻，再向额前下坠。

◎ 中晚唐

中晚唐时，因为服饰越发宽大飘逸，所以发型也有了变化，这一时期京城长安流行堕马髻，就是把头发挽到头顶上做成大髻，然后向一侧斜坠，犹如从马上坠落，故名堕马髻。

裳髻　堕马髻　闹扫妆髻

唐朝女子大胆追求服饰时尚反映出了当时女性在社会和家庭中的地位，同时也说明唐朝是非常开放和重视"男女平等"的，足以看出盛世天下的包容性。

雕版印刷术盛行

随着纸张的广泛使用，人们常用手来抄书籍，但是手写费时又费力，还容易出错，后来人们对前人印章、拓印和印染技术经验进行总结，并得到启发，在隋唐时期，雕版印刷术就应运而生了。

雕版印刷术是指把文字或者图像等内容反向雕刻在木板上，让其成为反的凸字或图像，然后刷上墨，铺上纸，一张一张地印。

2. 将文字纸稿写字的一面贴在木板上。

3. 按照每个字的笔画，用刻刀在木板上把字反刻成凸起来的字。

1. 选择一块纹质细密坚实的木材，一般选择梨木或枣木，锯成大小合适的长方形木板。

雕版印刷术最早出现在民间，在唐朝中后期被普遍使用，多用于印刷佛像、经咒、发愿文等，后来还广泛用于印刷历书、字书等。

4. 在刻好字的木板上刷上墨汁。

5. 把白纸贴在木板上面，用干净的刷子轻轻地刷，这样就会印出相应的文字或图画。

6. 将全部印刷好的纸张晾干，装订成书。

09 漂亮的宋朝瓷器

宋朝时期经济繁荣，商业、手工业发达，此时的瓷器制作工艺更是精湛，而且瓷器与当时的文化相融合，古朴深沉、素雅简洁的同时又各有千秋。

取土：烧瓷用的土内含高岭石、石英和云母，含铁量低，可塑性弱，耐热性较高，经过长时间的高温烧制，能够发生一系列复杂的变化，是烧制瓷器的上等原料。

炼泥：将泥土进行反复淘洗，去除杂质，来保证泥坯的平整、干净。

制坯：将泥坯制作成各种造型，如碗、盘、壶、缸、瓶等。

◎ 一起欣赏五大名窑的瓷器

宋人喜爱瓷器，对瓷器的美感非常重视，于是各地有了很多名窑，其中有五个最著名——汝窑、官窑、钧窑、哥窑、定窑。而每一座窑所烧制的瓷器也是各有不同，精美无比。

汝窑

官窑

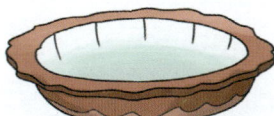
钧窑

哥窑

定窑

干燥：坯体制作完成后，经过自然干燥法或烘干法将坯体定型，以便后期加工、处理。

烧制：入窑烧制是制作瓷器的最后一道工序，控制好火候是瓷器烧制成功的关键。

上釉：上釉可使制成的瓷器表面光洁滑腻，色彩鲜艳缤纷。

⑩ 最早的纸币出现了

古时候的货币，常常被用来作交易的凭证，古代从物与物的交易方式发展到出现贝币、铜钱等各种货币。到了北宋时期，由于商品经济高度发达，北宋的铜钱货币非常短缺，一时间市场上出现了钱荒，于是朝廷又发行了一种新的货币——铁币。

◎ 铁币太重了

宋朝把铜币和铁币作为流通货币，但是规定铜币不能外流，这样一来只能使用铁币，可是铁币实在是太沉了，商人们经常要用车拉着铁币去交易，实在是不方便。

◎ 纸币出现

铁币交易麻烦，民间智慧就大显神通了，在四川钱庄发明了一种叫作"交子"的纸质凭证，由于携带轻便，很快在

四川流行起来。后来，公元 1023 年，官府统一将民间交子发行权收为国有，设立交子管理机构"交子务"，并发行"官交子"，这意味着世界上最早的纸币诞生了。

"官交子"发行初期，发行形式主要是仿照民间的"私交子"，数额也是临时填写，只是加盖本州州印，并且分了从一贯到十贯的等级。

官交子在发行初期还算顺利，大街上商客们再也不用拉着沉重的铁币交易了，开始用交子买卖，但是后来因为朝廷腐败，利用交子大量敛财，导致交子贬值严重，最终交子也逐渐成了一堆废纸，百姓们苦不堪言。

⑪ 航海工具指南针

无论是郑和下西洋，还是哥伦布航行，都离不开指南针。而在航海业发达的宋朝，人们发明了指南针，并传到欧洲各国。

◎ 指南针的演变

1. 磁石：在长期的生产实践中，人们从铁矿石中发现了磁石。此后劳动人民就把磁石用在了指示方向上。

2. 司南：大约在战国时期，用作指示方向的工具被称作"司南"，它用天然磁石制成，样子像一把汤勺，"勺"底部光滑，放在平滑的"底盘"上保持平衡，还可以自由旋转。当静止时，勺柄指向南方。

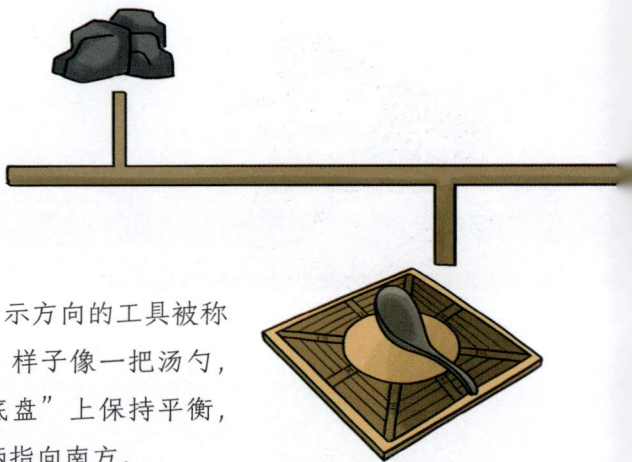

3. 指南鱼：北宋初期，充满智慧的劳动人民又制造了一种新的指南工具——指南鱼。用一块薄钢片做成像鱼的形状，鱼的肚皮部分凹下去，像小船一样浮在水面上。使用时将碗平放在无风处，鱼头所指的方向就是南方。

4. 罗盘：之前的指南针大多没有用于固定磁针的方位盘装置，使用不方便。直到南宋，人们将磁针和方位盘结合，发明了"罗盘"，后来被人们称为指南针。

5. 现代的指南针：像一块表一样，里面装有一根磁针，磁针通常一头是红色的，另外一头是其他颜色，而红色那头总是指向北方。

指南针被普遍应用于航海，为后来哥伦布发现美洲新大陆的航行和麦哲伦的环球航行都提供了帮助，这大大加快了世界经济发展的进程。

用火药制作军事火器

火药作为人类掌握的化学爆炸物，其实最早源于中国古代的炼丹术。经过炼丹人长期的实践，大约在公元 808 年便有了黑火药配方的记载，但是当时的配方并不完善，还不能广泛使用。

◎ 发现了着火的"药"

宋代纪实小说《太平广记》中有一篇时间背景为隋朝初年的文章，写的是一个叫杜春子的人去拜访一位炼丹老人。半夜杜春子醒来，发现炼丹炉着火了，火焰往上蹿，眼看火苗就要烧到屋顶。这反映出隋朝的炼丹者已经掌握了一个很重要的经验，就是硫、硝、炭三种物质可以构成一种极易燃烧的药，被称为"着火的药"。

有了这个惊人的发现，人们除了炼丹以外，又开始研究火药。他们用硝石、硫黄、木炭按一定比例，制成原始火药。直到唐朝末年，火药被用于军事，出现了一些军事武器。

用抛石器抛掷火药球

发机飞火是把火药球缚于箭镞上，点燃后用弓射出。

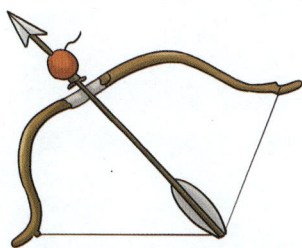

到了宋朝，火药的配比和制作火药武器的技术更加完善，北宋还专门建立了火药制造机构"火药作"，用来制造火箭、霹雳炮、震天雷等爆炸性较强的武器。可以说是世界兵器史上的重要突破。

火球：一种火药包，点燃后快速地抛出去，燃烧攻敌。

震天雷：外壳用生铁包裹，点燃引信后爆炸，可以破坏铁甲。

火箭：箭杆前端装有火药筒，点燃后，向后喷出气体，推动箭镞射出去。

霹雳炮：球形火器，可以通过爆炸和释放烟雾攻敌。

◎ **火枪出现了**

到了南宋时期，出现了火枪雏形——突火枪，是把火药装在竹竿内，作战时点燃火药射向敌军的武器。

13 活字印刷术来了

唐朝的雕版印刷在刻版上雕刻图文比较费时费工，版片存储不方便，而且雕版中的错字修改起来麻烦。于是北宋年间的工匠毕昇在雕版印刷的基础上，经过反复试验，制成了胶泥活字，实行排版印刷，完成了印刷史上一项重大发明——活字印刷术。

1. 用胶泥做成一个个规格一致的毛坯，在一端刻上反向的单字，文字笔画突起的高度与铜钱边缘的厚度一致，用火烧硬后，成为一个个胶泥活字。

3. 将烧制好的字模，有序地排在铁板上，用火将铁板中的松脂融化，将版面压平。

2. 开始制版，在一块四周有框的铁板上撒上松脂、石蜡、纸灰等。

宋朝以后，人们还发明了转轮排字盘。用木头做成两个同样大小的圆盘，一个叫"韵轮"，将文字按音韵排列；另一个叫"杂字轮"，放置一般常用杂字。排字时，一个人念稿，一个人坐在两个圆盘中间，通过转动圆盘拣取需要的活字，提高了排版效率。

活字印刷术有一字多用、重复使用、印刷多且快等优点，弥补了雕版印刷的不足。是印刷史上的一次质的飞跃，对后世印刷术乃至世界文明的进步有着深远的影响。

5. 将松脂再次融化，拆开泥字，然后可以根据文字的不同继续排版，反复使用。

4. 在泥字上刷墨汁，用白纸印刷。

14　宋朝人改吃三餐了

与以往相比，宋朝人的饮食习惯和饮食结构都有了较大的变化，人们开始吃夜宵，喜欢素食，对蔬菜的烹饪也有了创新。

◎ 一日三餐

宋朝以前，老百姓一天只吃两顿饭。早上吃完就等下午吃第二顿，中间饿了就吃一些点心。到了宋朝，商业经济发达，宵禁解除，夜市多了起来，人们活动量大了，开始改吃早、中、晚三餐。

◎ 取消宵禁，有夜宵了

宋朝之前是有宵禁规定的，入夜后，百姓不能在街上随意走动。在宋朝，宵禁逐步被取缔，入夜后，百姓可以自由地在街上走动，商店营业。吃夜宵成为宋人的一种习惯。

◎ 菜要炒着吃

宋朝以前，常用的烹饪方法是蒸、煮、凉拌。到了宋朝，炒菜开始普及，使蔬菜味道更加鲜美，更加适合宋人吃蔬菜较多的饮食习惯。

◎ "饼"是主食

在宋朝，人们的主食主要是饼，但宋朝的饼可跟我们现在的不一样，他们将凡是用面粉做成的主食都叫饼，例如馒头、汤饼（汤面）、胡饼（烧饼）、带馅的主食等都称作"饼"。

小知识　宋仁宗赵祯继位后，为避讳皇帝名讳，人们又将蒸饼读成炊饼，亦名笼饼，类似于今天的馒头。

此外，宋人的饮食还讲究"雅"，尤其是那些文人墨客，常在餐桌上喝酒作诗，谈论饮食文化；在宴请时会摆上各色美食，并用精美的餐具盛放，来显示"雅"。

大型绳式深井钻探设备

到了北宋年间，钻井技术有了新的发展，为了开采井盐，北宋人发明了新的钻井技术，开创了人类机械钻井技术的先河。

◎ **一起来看一看，古人是如何钻一口井的呢？**

1. **选址开井口**：按地形将井基铲高填平，为凿井修建平坝，然后挖井口，挖到坚硬地层为止。

2. **下石圈**：大口挖好后，再下入石圈（带圆洞的方石块），在挖好的井口中叠放十几块，甚至几十块的石圈，构成地表石质的套管，防止地层松散坍塌。

3. 凿大口：石圈固定好后，就开始用钻头钻井了，在这之前会在井场安置碓架和大车等设备。然后将钻头吊在碓板上，用人力捣碓凿大口。

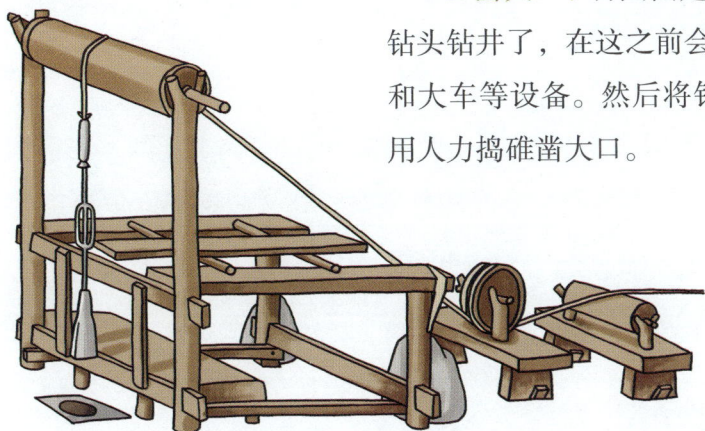

4. 下木竹：钻井过程中如果遇到水，就要用木头或者竹子做成中空的木质套管伸到井底，保护井壁。木质套管外部用麻、布缠裹起来，用桐油拌石灰加以密封，将木管连接起来伸到井下。

5. 扇泥：用工具将井里钻出来的泥土、石屑捞出来。

6. 凿小口：这是凿井过程中耗时最长的一道工序，需要很多年才能完成。方法与凿大口相同，一般会用到各种各样的钻头。

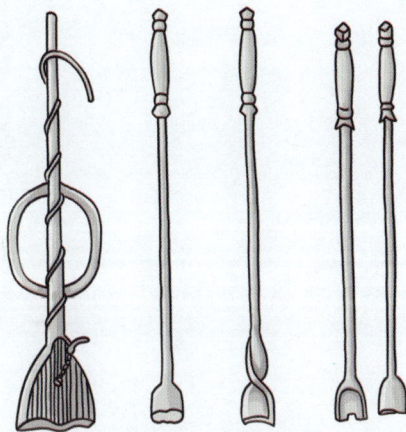

各种各样的钻头

16 最早的天文钟：水运仪象台

北宋时期，苏颂、韩公廉等人发明了一台以水力驱动的，集天文观测、演示和报时系统于一体的大型自动化天文仪器——水运仪象台，被誉为世界上最早的天文钟。

◎ 一座木结构建筑

整座仪器高约 12 米，宽约 7 米，是一座上狭下广、呈正方台形的木结构建筑。共分为三大层。

上层：露天平台上放置一座浑仪，用龙柱支持，下面有水槽来确定水平。

中层：这里面放了浑象。浑象依靠机轮带动旋转，一天一夜正好转动 1 圈。浑象的天球一半在下，一半在上，可呈现星辰的起落等天象变化。

下层：下层为报时装置和机械动力装置，报时装置有五层木阁，木阁后面是机械齿轮转动系统。

◎ 浑仪

用于测量天体球面坐标的观测仪器，西汉时发明。

◎ 枢轮与天衡

这是仪器的机械轮系部分，依靠水流的动力，推动齿轮做间歇运动，带动仪器转动。

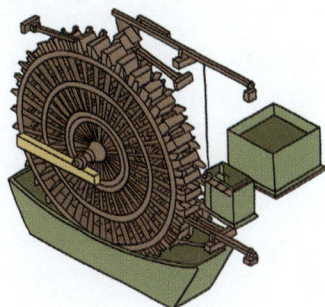

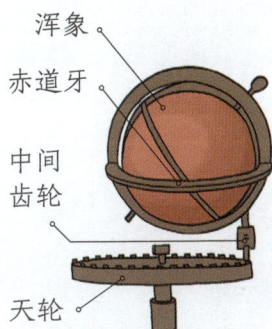

浑象
赤道牙
中间齿轮
天轮

◎ 浑象

浑象，类似现代的地球仪，是一种演示天体运动的仪器，最早出现在西汉。

◎ 报时装置

第一层：这是正衙钟鼓楼，负责全台报时。古代一天分十二个时辰，一个时辰又分为时初和时正。

第二层：负责报告时初、时正。上面的红衣和紫衣木人会拿着时辰牌负责报时。

第三层：负责报告时刻。每到一刻，绿衣木人便拿着刻数牌出来报时。

第四层：负责晚上报时。内置一小木人，每逢日落、黄昏、各更、破晓、日出的时候出来击钲报时。

第五层：负责报告具体的夜晚时间。每逢日出、日落、昏、晓、各更，红衣木人出来持牌报时；到了各筹（点），绿衣木人持牌报时。

非南宋船不用

古代人们能乘坐的交通工具种类有限，南宋建立后，政治、经济中心在水运发达的南方，交通运输多用船只，所以推动了造船业发展。

南宋的泉州、广州等地都是当时的造船中心，这些地方都设有官办造船工场，能造大型远洋航海船只，一条船能载数百人。

南宋船建造时采用多层木板，将每层木板捆绑拼接，再用钉子加固，从而增加船身厚度和结实度。

船体是否牢固，关键要看结构。南宋人发明龙骨结构，龙骨是船底中线处从船首到船尾贯通底部全长的纵向连续构件。此外，龙骨结构还包括龙筋、肋骨等其他部件。

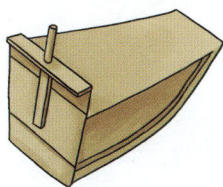

南宋制造的船的外观特点是船头尖，船尾方，船身扁阔，呈"V"字型。确保船吃水深，稳定性好，不畏风浪。

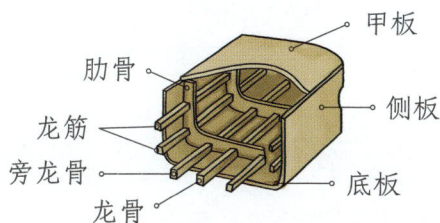

甲板

肋骨

龙筋

旁龙骨

龙骨

侧板

底板

南宋的船中，其甲板下的内舱有几个独立且密不透水的舱位，即使触礁导致一个舱位进水，也不会危及其他舱位。

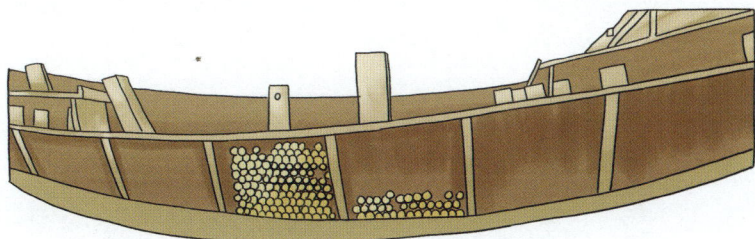

由于南宋造船业的发达，很多国家喜欢用"南宋制造"的船来运输货物，到南宋来买卖货物。

上元节夜市的走马灯

南宋时期，正月十五上元节，城内大街小巷早已人声鼎沸，流光溢彩的灯会主场上，龙灯、宫灯、纱灯……琳琅满目，其中最引人注目的当属走马灯。

走马灯为什么能不停地旋转呢？其实它是利用空气受热上升的原理。点燃蜡烛，让空气受热上升，而走马灯的灯笼纸罩顶部的叶轮会被这股热风吹动，叶轮带动纸罩转动起来，内部热空气向外跑，外部冷空气向内填充，这样灯就"走"起来了！

◎ 动手做一个简单的走马灯吧！

当灯笼内蜡烛点燃，推动叶轮旋转，剪纸随轮轴转动。它们的影子投射到灯笼纸罩上，好看的花样走马灯就出现了。

1. 准备竹条，编成走马灯的框架。

2. 剪出一个大小适合的圆纸板或者用木头做一个叶轮。

3. 在做好的灯笼架中插入一根用铁丝或木棍制作的立轴，可旋转，立轴旁边放上蜡烛。

4. 立轴中央装两根交叉的细铁丝，在铁丝每一端粘上好看的剪纸。

5. 用白纸将四周糊裱，可以画一些简单的图案作为装饰，底部镂空。

6. 点燃蜡烛后，走马灯就可以旋转了。

19 冶铁工具 ——"鼓风机"

水排是我国古代一种冶铁用的水力鼓风装置，类似于现在人们使用的鼓风机。

冶铁炉   排囊

◎ 冶铁排囊

早在公元 31 年，水排就出现了，那个时候人们为了冶铁，发明了排囊。将皮料做成简易的袋囊，几个囊连在一起，依靠人力抽拉，让火烧得更旺。

◎ 立轮式水排

汉朝排囊升级为立轮式水排。利用水流冲击，带动水轮旋转，卧轴和拐木也随之旋转。当拐木旋转向前推动偃木时，横着的木簧压缩排囊，将空气推进冶铁炉。

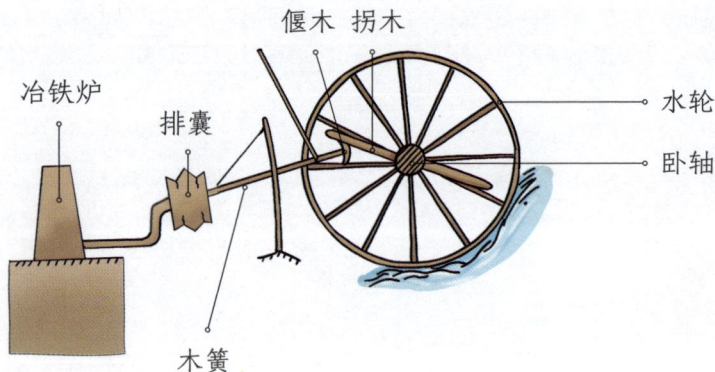

偃木 拐木

冶铁炉   排囊   水轮

卧轴

木簧

◎ 卧轮式水排

到了元代，一个叫王祯的人发明了卧式水轮驱动的水排。找一条湍急的河流，岸边架起木架，木架上立起一个竖轴，上下两端各安装一个大卧轮，在下卧轮的轮轴四周装有叶板，承受水流，驱使水轮转动，进行鼓风。

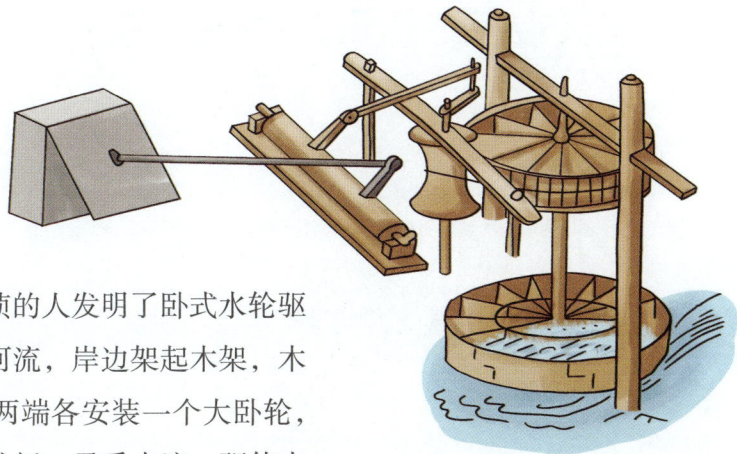

小知识　卧轮式水排动力较强，适用于大型冶铁厂，它依靠水的动力，通过上下动轮、曲柄连杆结构将回转运动转变为连杆往复运动，比较省力，而且它不需要人力，只要有水就行，大大提高了冶铁效率。

㉔ 棉纺织工具的改良

元朝时期，百姓能穿上棉制衣物主要得益于黄道婆。当时崖州种植棉花最早，那里家家户户织布，技术先进，黄道婆来到崖州学习技术，学成后回到家乡并改进升级棉纺织工艺和工具，将手艺发扬光大，促进了元朝棉纺织业的发展。

◎ 改进搅车

棉花采摘后，需要去棉籽。然而传统的手工棉花脱籽耗时耗力，黄道婆因此发明了"搅车"工具。通过两根轴的相互碾轧，让棉籽与棉花分离。

◎ 小弓换大弓

棉花去籽后，需要把棉花弹成蓬松状。黄道婆将传统手拨弦弹棉花的小弓改造成 4 尺（1 尺约为 31.68 厘米）长的大弓，不但提高了弹棉花的效率，棉花弹得也更蓬松干净了。

◎ 发明脚踏三锭纺车

蓬松的棉花接下来就要进入纺线的工序，黄道婆摒弃传统效率低的单锭手摇纺车，发明了脚踏三锭纺车，不仅能纺出结实的线，还能同时纺三纱，效率提高了不少。

黄道婆根据多年的经验，不断尝试新的技艺，发明的乌泥泾的纺织法，织出了更加精美的图案。她将棉纺织技术传授给百姓，提高了他们的生活水平。

先进的金属火铳和回回炮

到了元代，火药的广泛应用让武器的发展进入了一个新的时代，能征善战的元军更是在长期的战斗中，发明了世界上最早的金属管形射击火器，火铳就是其中的一种。此外，在军事作战中元军还使用了回回炮。

◎ 火铳

火铳在南宋突火枪的基础上诞生，元代工匠采用了管形火器技术，造出了金属材质的新型武器——火铳。这时的金属管形火器不仅能装填火药，而且还装有球形铁弹丸或石球，开创了在金属管形火器中装填弹丸的先例。

碗口火铳

另一种火铳是手铳，药室明显鼓起，铳筒较长，整体较为细长，部分铳的铳筒表面铸有用来增加强度的箍。

手铳

◎ 回回炮

回回炮是一种抛石机，元朝灭南宋的战争中，守城的宋军多次被蒙古人的回回炮打败。历史上著名的襄樊之战，元军之所以攻破了襄樊两城，就是用了新式武器——回回炮。

小知识

火铳是如何发射的

火铳与突火枪原理一样，是用火药发射石弹、铅弹和铁弹，利用火药在药室内燃烧后产生的气压把弹丸射出，与原来的火枪相比，火铳的使用寿命更长，发射威力更大。

建造观星台，开展"测天"实践

古时候人们崇尚天文，认为这是象征皇室与天相通的方法，历来受到统治阶层的重视。元朝统治者相信"天命"的说法，元世祖忽必烈建立元朝以后，大力支持天文事业，建造天文台，进行天文观测。

元朝进行了一次大规模的天文观测活动，据说当时设置了 27 个观测站（观星台），历史上将这次大规模的测算称为"四海测验"。

我国现存最早的观星台，
位于河南登封。

除了持续观测，元世祖忽必烈还决定制定一部新的历法，任命天文学家郭守敬等人着手进行这项工作。1280 年，历法终于编制完成，忽必烈赐名《授时历》，意思是"敬授民时"。

天文学家郭守敬在编制《授时历》过程中，还带领团队人员先后创造了十多种天文仪器，其中亲自创制了简仪。

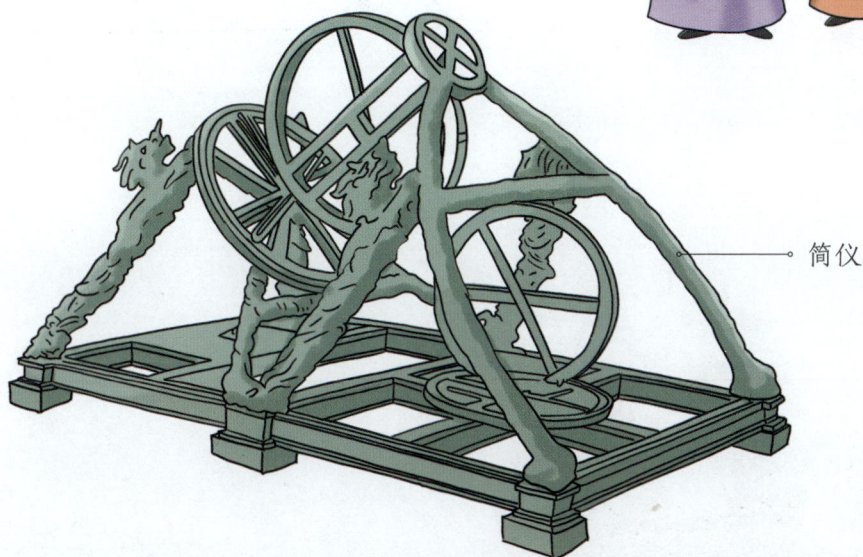

简仪

小知识

《授时历》中确定了一年是 365.2425 日，和现代通用公历的全年平均时长相同；在编制的过程中，科学家们创造了"三次差内插法"和"球面三角知识求解法"；准确推算出了 1299 年的日食。这让中国的历法达到了世界最高水平，被后世沿用了三百多年。

23 郑和下西洋：乘着宝船去探险

明朝时期，明成祖朱棣继位后，为了树立大国风范，宣扬中华文明，扩大明朝的影响力，促进沿海各国的交流联系，决定派郑和远赴西洋进行外交。

1405 年，郑和受命率领数十艘宝船，2700 多船员，带着大量的瓷器、丝绸等珍宝开始了第一次远航。庞大的船队从南京出发，驶向大海，由此揭开了中国大航海探险的序幕。

小知识

西洋在哪里？

在明朝把今天的文莱以西，包括印度洋沿岸的一带都称作"西洋"。

郑和乘坐的宝船最大，长44丈（约147米）、宽18丈（60米），可容纳上千人，是当时世界上最大的船只。此外，在航海中还应用了各种航海仪器，如航海罗盘、计程仪、测深仪、牵星术等，大大提高了航海的安全性与准确性。可见明朝造船及航海技术的成熟。

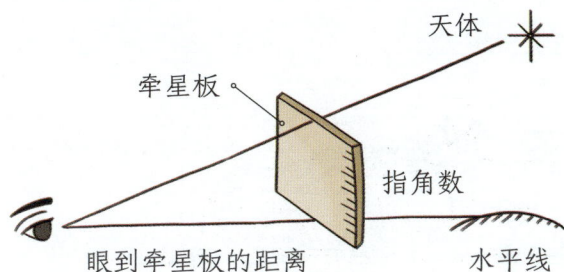

天体

牵星板

指角数

眼到牵星板的距离

水平线

从1405年到1433年，郑和先后七次下西洋，跨越近半个地球，最远到达非洲东海岸和红海沿岸，形成了和平外交、万国来朝的局面。

修建绵延万里的明长城

　　古代统治者对军事防御十分重视，长城作为古代防御体系中的一种，被各个朝代维护、修建。到了明朝，长城被修建得更加完善，并且有了很多防御功能。今天我们能看到的长城，大多是明长城。

　　明长城，亦称边墙，东起鸭绿江，西至嘉峪关。

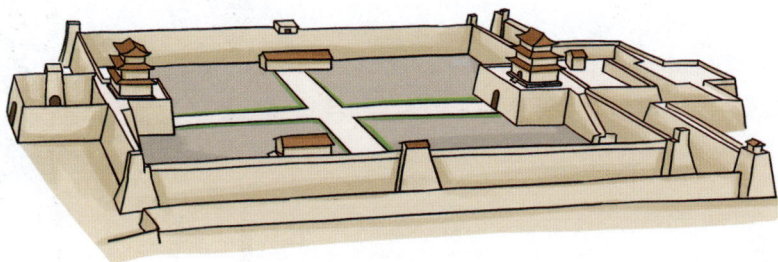

嘉峪关

箭窗：射击敌人的窗户。

明长城并不是一道单独的城墙，而是由城墙、墙台、敌台、烟墩和垛口等组成，其建造雄伟、坚固，建筑成就更是达到顶峰。

城墙：依托不同的地貌地形而灵活建造，用整齐的条石砌成墙身的外层，内部填满泥土石块，非常坚固。

烟墩：古代的烽火台，用于传递信息，通报敌情，白天燃烟，夜晚点火。

青花瓷的鼎盛

明代青花瓷，在元青花技艺基础上，经过不断创新，最终在明朝后期达到巅峰。而它的迅速发展也离不开明朝皇室的喜爱，使青花瓷在官窑和民窑的制作下成为中国瓷的主流。

◎ 各式各样的青花瓷造型

明代的青花瓷造型一般有罐、瓶、盘、壶、杯、盒、洗等，以瓶居多。

葫芦瓶

梅瓶

天球瓶

玉壶春瓶

凤尾瓶

蒜头瓶

棕式瓶

抱月瓶

◎ 青花瓷的技艺演变

明代各时期青花瓷器各具特色，千姿百态。

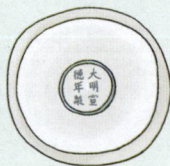

发展初期——洪武、建文时期
多带有元代的遗风。

黄金高峰期——永乐、洪熙、宣德年间出现
落款，标记帝王年号款识。

官窑与民窑

明代制作青花瓷有官窑和民窑之分。官窑是专门给皇室和朝廷烧制瓷器的御窑场，制作的瓷器更加精美华丽，富有皇家气派。民窑是非官方，生产商品瓷器的窑场，瓷器自然奔放，更具创造力。

◎ 制瓷中心——景德镇

入明以后，景德镇成为全国制瓷中心，其所制瓷，只求精工，不计成本，专供宫廷贵族享用。

印坯利坯

施釉

揉泥做坯

青花瓷成品

画坯

烧窑

创新期——成化、弘治、正德年间出现斗彩青花瓷。

晚期——有了云鹤、璎珞、八卦及婴戏等图案。

明朝威力十足的火器

元朝时期，火药用于军事已经很广泛了，出现了火铳。到了明朝火器被大量制造，用来加强边防、海防和城防。为了制造出更多功能的火器，明朝永乐年间更是特意组建了专门掌管火器的特殊部门神机营。

◎ 三眼铳

当时重要的单兵火药武器，为明骑兵和神机营的装备，只是精度不高、装填不便，后被鸟枪等火器替代。

◎ 迅雷铳

多管火器，铳身上装有 5 根铳管，最多有 18 根管。每射击 1 次后，需转动一下才能进行下一管射击。铳管上配有圆牌做护盾，射击时支撑铳身的斧子也可在射完后用来防卫。

◎ 万人敌

一种大型爆炸武器，重达 40 千克。外壳用泥巴包裹，点燃引信后火焰四射，便于伤敌。为了安全搬运，一般在木框中放置泥壳炸弹。

◎ 火龙出水

水陆两用的火箭，点燃后可以推动火龙飞行二三里（元朝的1里＝369.6米）。之后自动引爆龙肚子里的火箭，从龙嘴喷射出来，烧毁船只。

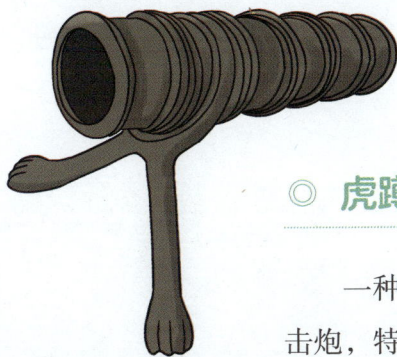

◎ 虎蹲炮

一种远程火器，类似于现代的迫击炮，特别轻便，适合山地战使用。

◎ 一窝蜂

类似于现代的多管火箭炮：一种发射器中带有多发火箭弹，可以同时发射32支火箭。

◎ 神火飞鸦

一种火箭，将细竹或芦苇编成酷似乌鸦的形状，内部填充火药，鸦身两侧各装两支"起火"，"起火"与内部火药相连。作战时，飞鸦射出落地后内部火药被点燃后爆炸。

小知识

出现了瞄准装置

明代的火器还有一个创新，就是安装了"瞄准装置"。在此之前，火炮发射常常偏离方向。到了明代中期，一种轻型火炮"佛郎机"传入中国，这是一款携带瞄准具的火炮，射程可达2000米，且可以上下左右自由转动。

---

27 京张铁路"人"字形

　　清朝末年，清政府修建铁路更多的是依赖洋人。1905年，清政府准备修筑京张铁路，但是这条路上层峦叠嶂，还有岔路口，工程十分艰巨。

　　负责本次修建的工程师詹天佑，带领测量队，身背仪器，日夜奔波在崎岖的山路上。

经过反复测算，这一条铁路有三段施工最为困难，詹天佑思考了很久，带领工人们一起在地势较高的居庸关，采用两端同时向中间开凿的办法，而八达岭地段是采取中部钻井法，最终成功开凿了居庸关和八达岭两处隧道。

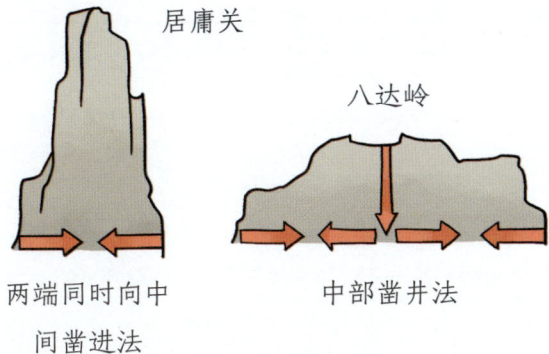

居庸关

八达岭

两端同时向中间凿进法

中部凿井法

在山坡陡峭的青龙桥地段，利用"折返线"原理，设计出了一段"人"字形轨道，成功降低了坡度。

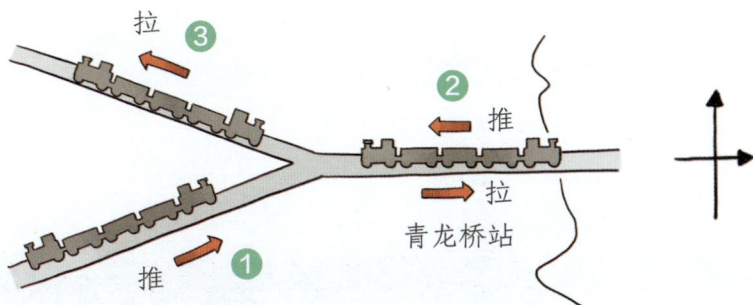

拉 ③

推 ②

拉 ①

推 ①

青龙桥站

"人"字形铁路原理

小知识

蒸汽火车是两个车头，一个在前面拉，一个在后面推。当火车从 1 轨道进入 2 轨道（青龙桥），通过"人"字形岔道口进入 3 轨道，火车的头尾就倒过来了，原来助推的火车头向前拉，向前拉的车头开始助推，一路向八达岭隧道驶入，这样的设计让火车爬坡容易多了。

28

皇宫里的大戏楼

在中国古代，看戏是人们重要的娱乐方式之一。清朝的皇帝们都爱听戏，所以紫禁城里搭建了很多戏楼，其中最为著名的要数畅音阁戏台，是乾隆皇帝命人设计的，将其被打造得很有规模，既独特又奢华。

1772 年，乾隆皇帝为自己养老的地方建造了一座三层的大戏楼，那就是畅音阁。

畅音阁一共有三重檐，台基高 1.2 米，通高 20.71 米，总面积 685.94 平方米。内有上、中、下三层戏台，其中寿台面积最大，并且专门分出一层，称为"仙楼"。

上层：福台

中层：禄台

下层：寿台

仙楼

畅音阁不光装修精美，而且里面有很多"机关"，为了达到舞台音效和飞仙、入地等精彩特效，内部设置了三口井：天井、地井、水井。

天井

天井位置

1.**天井**：禄台和寿台的天花板都建有天井，演出时利用绳索，演员从天而降，制造飞仙特效。

2.**地井和水井**：是设置在寿台之下的"音响设备"，四口没有水的地井和一口水井与寿台相通，来达到声音共鸣的音箱效果，又能在演员表演时为喷水提供水源，渲染舞台效果。

29

宫廷盛宴满汉全席

满汉全席是清朝时期宫廷盛宴，据传是一种集合满族和汉族饮食特色的巨型筵席。公元 1684 年，康熙皇帝做出一项重要决定："后元旦赐宴，应改满席为汉席"，意思是提倡满汉一家。

小知识

据说，满汉全席上的菜品至少有 108 种（南菜和北菜各 54 道），这么多菜会分三天吃完，结束宴席。

满汉全席的菜式有荤有素，有咸有甜，食材丰富，用料讲究，山珍海味无所不有。一般会根据不同场合和参加人的地位来设置菜单。

后来满汉全席逐渐成为大型豪华宴席的总称，是中华美食的缩影。

· 写给小学生的科学知识系列 ·

历史这么有趣

史前到南北朝

尹　硕◎编著

吉林科学技术出版社

图书在版编目（CIP）数据

历史这么有趣 / 尹硕编著 . -- 长春 : 吉林科学技术出版社，2024.2
（写给小学生的科学知识系列）
ISBN 978-7-5744-0605-6

I.①历… II.①尹… III.①科学技术—技术史—中国—少儿读物 IV.①N092-49

中国国家版本馆 CIP 数据核字（2023）第 130193 号

写给小学生的科学知识系列

历史这么有趣
LISHI ZHEME YOUQU

编　　著　尹　硕
出 版 人　宛　霞
责任编辑　周　禹
助理编辑　宿迪超　郭劲松　徐海韬
封面设计　长春美印图文设计有限公司
美术设计　李　涛
制　　版　上品励合（北京）文化传播有限公司
幅面尺寸　170 mm×240 mm
开　　本　16
字　　数　150 千字
印　　张　12
页　　数　192
印　　数　1-6000 册
版　　次　2024 年 2 月第 1 版
印　　次　2024 年 2 月第 1 次印刷

出　　版　吉林科学技术出版社
发　　行　吉林科学技术出版社
社　　址　长春市福祉大路 5788 号出版大厦 A 座
邮　　编　130118
发行部电话 / 传真　0431-81629529　81629530　81629531
　　　　　　　　　　　　　　 81629532　81629533　81629534
储运部电话　0431-86059116
编辑部电话　0431-81629378
印　　刷　长春百花彩印有限公司

书　　号　ISBN 978-7-5744-0605-6
定　　价　90.00 元（全 3 册）

目　录

史前与夏商周时期

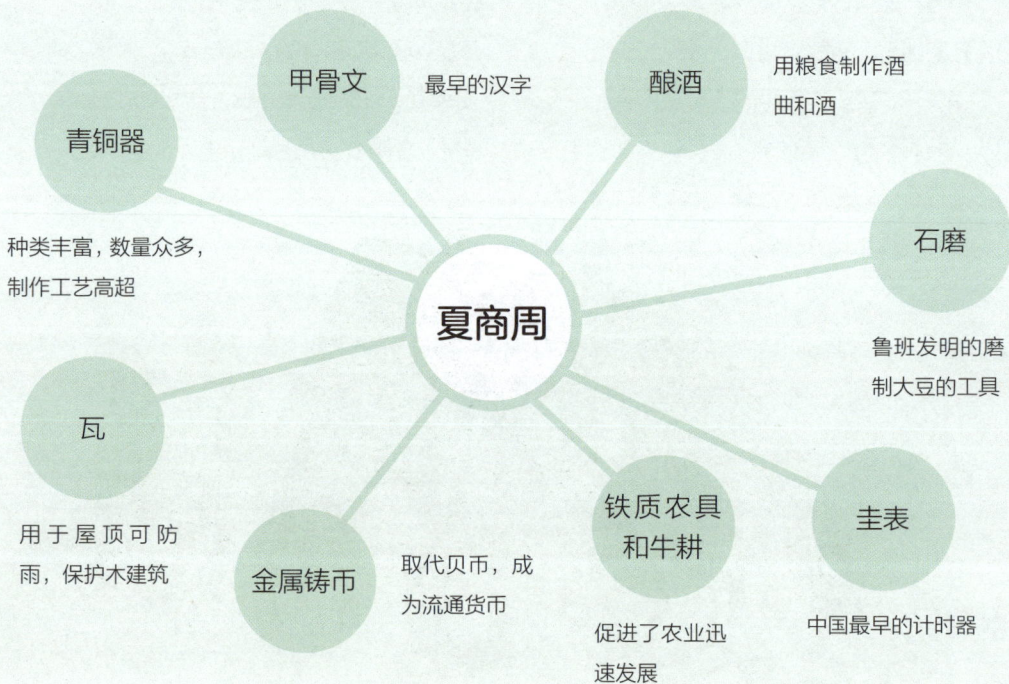

学会用火　大大改善了人类的生存条件

磨制石器　新石器时代的主要生产工具

打制石器

史前时期

旧石器时代采集和狩猎的主要工具

房屋出现　提供更加舒适的居住条件

弓箭

养蚕、缫丝技术

陶器

由生产工具转变为军事作战的武器

促进丝绸出现

成为人们日常生活用品

甲骨文　最早的汉字

酿酒　用粮食制作酒曲和酒

青铜器

石磨

种类丰富，数量众多，制作工艺高超

夏商周

鲁班发明的磨制大豆的工具

瓦

用于屋顶可防雨，保护木建筑

金属铸币　取代贝币，成为流通货币

铁质农具和牛耕

圭表

促进了农业迅速发展

中国最早的计时器

秦汉与魏晋南北朝时期

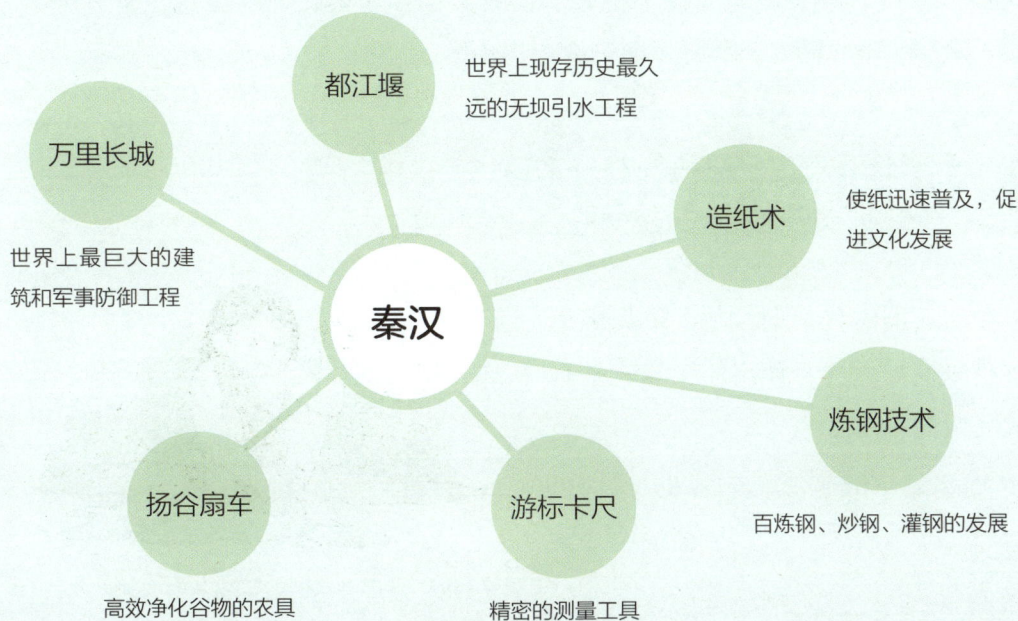

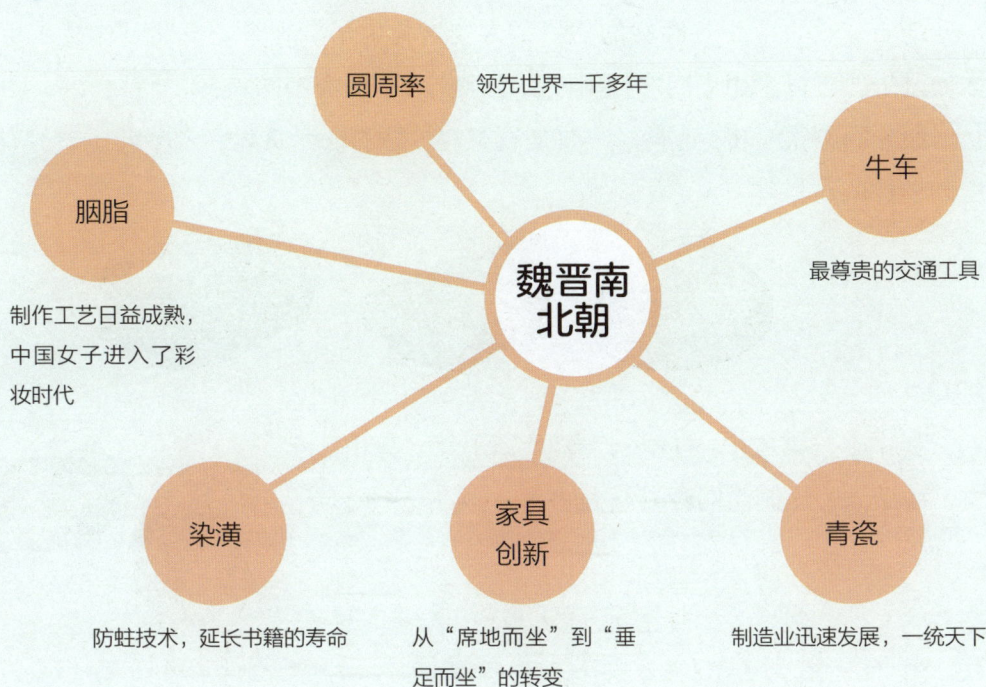

都江堰

世界上现存历史最久
远的无坝引水工程

万里长城

造纸术

使纸迅速普及，促
进文化发展

世界上最巨大的建
筑和军事防御工程

秦汉

炼钢技术

扬谷扇车

游标卡尺

百炼钢、炒钢、灌钢的发展

高效净化谷物的农具

精密的测量工具

圆周率

领先世界一千多年

牛车

胭脂

最尊贵的交通工具

**魏晋南
北朝**

制作工艺日益成熟，
中国女子进入了彩
妆时代

染潢

家具
创新

青瓷

防蛀技术，延长书籍的寿命

从"席地而坐"到"垂
足而坐"的转变

制造业迅速发展，一统天下

史前时期的文明

在距今 250 万年前，人类历史进入了石器时代，石器是人类祖先生存斗争的基本武器。此后，人类逐步懂得了耕种农作物、饲养家畜、烧制陶器、建造房屋等，开始了定居生活，随之，各种发明创造层出不穷。

01 打制石器的时代

在旧石器时代早期，猿人依靠采集和狩猎来获取食物，使用的工具就是打制成的粗糙石器。

原始人类用砾石相互敲打，制成多面体砍砸器、石片等。

随着上百万年生存经验的积累，人类进化为早期智人，石器制作技术也有了很大的改进，可以采用不同的打制方法，制作成不同类型的工具。

制作石器第一步：选料。主要是石英岩、燧石、角页岩、各种硅质岩等有一定硬度和韧性的石料。

制作石器第二步：打制。主要有锤击法、砸击法、碰砧法、压制法四种打制方法。

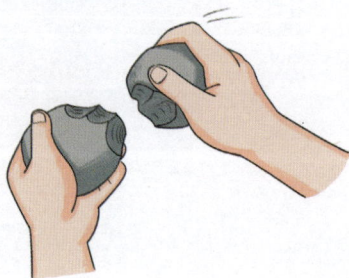

1. 锤击法：用石锤用力敲击石块的顶端，从石块上打下石片。

2. 砸击法：把石块放在石砧上，将石锤竖直向下用力地砸击石块的上端。

3. 碰砧法：将大石块的前端对准石砧的边缘，用力地敲击，碰下石片。

4. 压制法：将木杆的尖端对准石块边缘，利用胸腹的力量往下压。

石砧是垫在石器下面的石块，石锤是直接用来加工石器的工具。人们往往选择圆而厚的砾石作为石砧，选择又长又圆的、便于手握的砾石作为石锤。

通过打制，石块被加工成各种尖锐的、坚韧的石器，就像现在的工具一样，种类很多，用途广泛。

砍砸器：边缘刃口钝厚曲折，用来敲骨头、砍树等。

刮削器：边缘十分锋利，用来刮皮、切肉等。

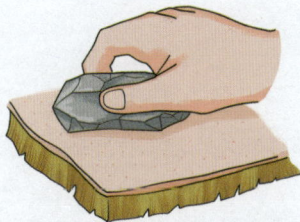

尖状器：顶端有尖刃，用来挖掘根茎类植物。

学会用火，人类进化史上的里程碑

在旧石器时代的几百万年里，人类还掌握了一项对自身生存演化非常重要的技能——用火。那么，人类是怎么学会用火的呢？

1. 火山喷发、雷电等自然现象引发森林大火，让原始人类感到恐惧。

真香

2. 等火退却后，原始人类发现动物遗体或有些植物，经过燃烧后变得美味可口。

3. 几次大火过后，原始人类发现火不仅可以烤熟食物，还能驱赶野兽，于是对火的恐惧减弱，开始接受火。

4. 他们慢慢学会把燃烧的树枝带回居住地，并想办法让火长燃不灭。

用石块碰撞生火　　　　钻木取火

5. 到了旧石器时代晚期，以山顶洞人为代表的晚期智人在偶然间发现，一些物品的碰撞、摩擦也能产生火。自此，人类学会了用火。

火的发现与使用大大改善了人类的生存条件，让人类结束了茹毛饮血的时代，使人类渐渐拥有了掌握自己命运甚至开拓新生活的能力，开创了人类文明的新纪元。

用火烧烤食物，使其更容易咀嚼和消化。

用火照明，不再害怕黑夜，改善居住条件。

寒冷的冬季，用火取暖，抵御严寒。

驱赶野兽，提高自卫能力。

加工木器，提高狩猎能力。

03 磨制石器，开始原始农耕生活

经过数百万年的经验积累，聪明的原始人发现，经过磨制后的石器更加锋利。于是，他们开始根据自己的需要，对各种石器进行打磨。自此，磨制石器成为主要的生产工具，人类历史开始进入了新石器时代。现在，来看看石斧是怎么制作的吧！

1. 选择石材：尽量选择形状、大小接近制作器形的石头。

2. 打制粗形：用石锤把石材打制成理想的形状。

3. 磨制石材：将打制好的石材磨出刃口，磨出理想的石斧形状。

5. 组装石斧：把磨制好的石斧夹在木棍的凹槽中间，用麻绳捆牢。这样，一把装柄石斧就做好了。

4. 制作木柄：选择长短、粗细适中且笔直的木棍，用锋利的刮削器去皮、打磨光滑，并在一端削出凹槽。

磨制石斧的斧刃锋利，是新石器时期重要的生产工具和防御武器，可以用来砍伐树木、开辟田地、防御猛兽袭击、捕猎、作战等。

除了石斧，新石器时代的人类还通过切割、磨制、钻孔等技术，制造出一批不同用途的生产生活工具，体现出了人类的早期创造才能。

石刀：用于收割、砍伐等。

石凿：用于钻孔、刨切、雕刻。

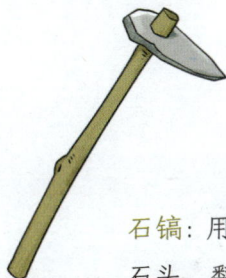

石镐：用于开采石头、翻土等。

石铲：用于翻土、耕种。

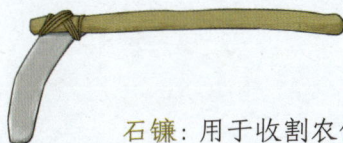

石镰：用于收割农作物。

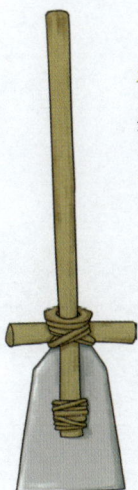

耒耜（lěi sì）：用于翻整土地、播种庄稼。

石犁：用于挖土、开沟、翻地。

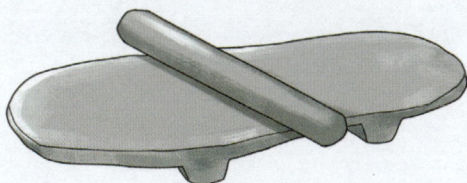

石磨盘和石磨棒：用于加工谷物。

劳动工具的改进，特别是石犁的出现，大大促进了原始社会的进步，使人类脱离了刀耕火种的落后状态。人们生活开始安定下来，在土地上从事农业生产。这一时期，长江流域已经普遍种植水稻，稻作农业技术领先世界。

1. 春季放火烧草后，用石犁翻地，疏松土壤。

2. 把稻田用耒耜划分为一个个田块，并预留好灌溉、排水的缺口。

4. 通过完善的灌溉系统给稻田浇水，不仅能促进水稻生长，还能抑制稻田杂草生长。

3. 稻田整理好后，将稻种直接撒播或点播在水里。

5. 水稻生长期间要除去杂草。

6. 水稻成熟后，进行收割。

在同时期的北方黄河流域，主要农作物则是谷子。谷子，古称"稷""粟""粱"，去皮后俗称"小米"。它是从狗尾草进化而来的，比欧洲发现的谷子早了2700多年。

狗尾草，又称"莠"，其幼苗和谷子的幼苗很难被区分，所以一直有"良莠不分"的说法。

古人最初把野生狗尾草当作饲料种植，喂给家畜。

后来狗尾草逐步进化为谷子的最早类型，成为我国古代农业中居于重要地位的农作物。

人们学会了种植水稻和谷子，农业就此形成了。与此同时，他们还驯养猪、狗、牛等牲畜。其中，猪温顺、繁殖力强，且脂肪含量高，成了畜养的主要对象。

亚洲野猪　　　　　　　　　原始家猪　　　　　　　　　现代家猪

长期的人工驯化和喂养，会让野猪的牙齿慢慢变短，从外形和生活习性上，越来越接近现代的家猪，利于家庭饲养，家猪逐渐成为人们重要的生活资源。

对古人来说，圈养生猪能给人们提供安全感，因此畜养生猪成了人们定居生活的标志。有了充足的食物，稳定的生活，人口开始大幅度增长，成为后面文明社会形成的基础。

到了新石器时代，人们的生活技能有了很大提高，开始给自己营造更加温暖、舒适的居住场所。于是，新式房屋出现了。不过，因为地理环境的差异，南北方的房屋有很大的不同。比如南方长江流域气候温暖湿润，雨水充沛，地面潮湿，虫蛇多，所以生活在这里的人们一直都住在透风、轻盈的巢居里。

单树巢居

多树巢居

到了距今七八千年前的新石器时代中期，河姆渡人建造的房屋已经不再依靠树木了，而是仿照巢的样式在平地上用一根根木桩架构起悬空的房子，即干栏式房屋。

1. 先向地下打木桩。

2. 在木桩上架起地梁，作为基座。

3. 然后在地梁上铺一层木头和草。

这种干栏式房屋就像一座二层小楼，下层用来放养动物和堆放杂物，上层用来住人，既可以防潮，又能避开各种凶恶的野兽虫蛇的侵袭。

【小知识】干栏式房屋中的榫卯技术

考古发现，河姆渡人在建造以干栏式建筑为主的房屋时，就已经开始使用了榫卯结构，还在厚木板上设计了企口，使木板在铺设时相互之间结合得更紧密。由此可见，在新石器时代，木构建筑技术已经发展到较高水平。

平身柱榫卯

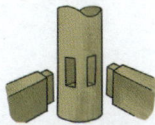

转角柱榫卯

柱脚榫

加销钉的梁头榫　直棂栏杆构件

企口板

4. 基座上再立木柱和架横梁，构筑成框架状的墙围和屋盖。

5. 柱、梁之间用树皮、茅草或竹条板块、草泥填实。

6. 南方蚊虫比较多，河姆渡人懂得使用天然漆，将它们刷在房屋里，不仅可以防腐，还可以驱赶蚊虫。

而北方的黄河流域，冬季比较寒冷干燥，夏季炎热，地层土质细密，适合穴居。

| 断崖上的横穴 | 坡地上的横穴 | 袋形竖穴 | 有活动顶盖的竖穴 | 半穴居 | 地面建筑 |

到了距今约 6 000 年前，生活在这里的半坡人已经学会建造土木混合结构的半地穴式房屋了，即房屋一半在地下，一半在地面上，有方形和圆形两种形式。这种房屋不仅冬暖夏凉，还能抵御野兽的侵袭。先来看一下半地穴式方形房屋是如何建造的吧！

1. 选好址，向下挖约一米深的坑，整平坑底和四周坑壁，这样就有了室内地面和墙壁。

2. 在地面上合适的位置垂直打深洞，为竖立支柱做准备。

3. 竖立支柱，用于支撑屋顶；在立柱的底部周围，一般都以细泥为原料，结实地夯打一圈，以加固柱基。

4. 门道的宽度仅容一人出入，门道与屋室之间有一个小隔墙围成的门槛，室内有灶坑，供做饭、取暖和照明之用，然后用细泥把灶面和地面都涂抹平整。

5. 在坑四周用木料围绕立柱架设伞架式屋顶，再用横木固定，把屋顶绑牢。

6. 用草拌泥从里到外一层一层地涂抹房屋，越接近地面的地方涂得越厚。

7. 抹完泥后，在灶坑里点燃柴火，烘干地面和墙壁，使室内既舒适又防潮。

8. 烘烤干燥的房屋就可以居住了，人们可以在自己的家里做饭、休息。

还有一种圆形的半地穴式房屋，建造方法与方形房屋类似，只是地穴比较浅，大概30厘米深，而且出现了墙体，是一种从半地穴建筑上升到地面建筑的过渡形式。

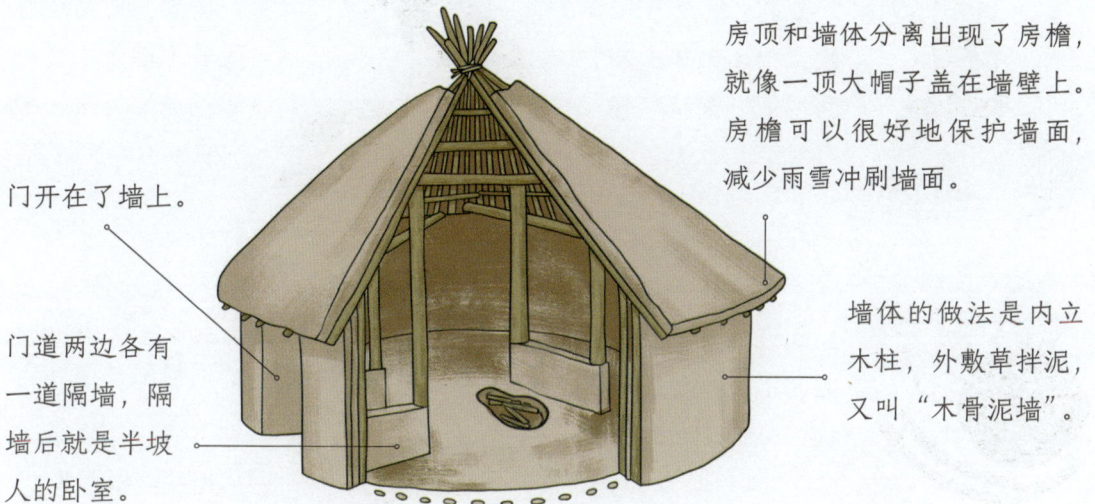

房顶和墙体分离出现了房檐，就像一顶大帽子盖在墙壁上。房檐可以很好地保护墙面，减少雨雪冲刷墙面。

门开在了墙上。

门道两边各有一道隔墙，隔墙后就是半坡人的卧室。

墙体的做法是内立木柱，外敷草拌泥，又叫"木骨泥墙"。

05

陶器进入了日常生活

随着农业和畜牧业的发展，人类有了充足的食物，就使得一部分人从农业中解放出来，转而从事一些其他的社会活动，比如艺术品的创造、手工业的生产等，陶器就是在此时出现的。

仙人洞遗址出土的陶罐

◎ 最早的陶器

旧石器时代晚期，原始人类在生活中发现，泥土经过火烧后会变得坚硬。受此启发，他们把用泥捏成的容器放在火堆中烧烤，于是最早的陶器出现了，烧制好的陶器可以盛放食物，储存饮用水。

◎ 发明烧制技术

随着时代的发展，制陶工具和制陶技术不断改进，到了新石器时期，人类已经能够根据储藏、使用的需求烧制出各种坚固、耐用的陶器了。

1. 备料：把黏土或陶土按比例加水调和成泥，搓揉、摔打至干湿适宜。

2. 搓条：把泥料分成若干个大小一样的泥球，再滚动搓成粗细均匀的泥条。

3. 盘筑：将泥条一圈圈围成想要的形状，制作成陶坯。

4. 修坯：将陶坯放到慢轮上修整至光滑、匀称，泥条之间衔接处压紧实。

5. 干燥：将陶坯放在地上阴干，自然蒸发水分。

6. 烧制：将陶坯放入穴窑烧制，温度约900℃，这样陶器就做好了。

◎ 有彩色纹饰的陶器

随着生产进步，陶器制作开始从实用性向观赏性转变。古人用天然的矿物颜料，在制好的陶坯上绘出多种颜色的装饰图案，经过烧制，陶器表面就留下了彩色的美丽纹饰。这种带有彩色纹饰的陶器，被称为"彩陶"。

半坡彩陶主要绘人面纹、鱼纹等。

马家窑彩陶多绘旋涡纹、神人纹等。

辛店彩陶多绘双钩纹、太阳纹、鹿纹等。

大汶口彩陶多绘八角星纹、变形花卉纹。

◎ 黑陶和白陶

距今 5000 年前后，山东大汶口的原始居民已经会制作黑陶和白陶。而 4000 多年前的山东龙山居民已经能够制作厚度不到 1 毫米的"蛋壳陶"，制陶技术水平更加先进。

黑陶高足杯　　白陶鬶（guī）

06

养蚕、缫丝技术出现

中国是世界上最早养蚕的国家，在距今 5000 多年以前，古人在桑树上发现了一种白白胖胖的虫子，能吐出白色或黄色的丝。这种丝又细又坚韧，织成布做出来的衣服又舒适又漂亮。于是，他们便把野蚕带回家养育，掌握了养蚕、缫丝技术，并不断将这些技术加以改进。

1. 将蚕种放在石灰水或盐水中浸泡，筛掉孱弱的蚕卵，只留下优质蚕卵。

2. 蚕娘用绵纸包好蚕种，帮助蚕种孵化。

3. 蚕农要种植桑树，在养蚕期间采摘嫩叶喂蚕。

4. 蚕卵孵化后，将幼蚕移到铺满碎桑叶的蚕匾上养殖。

5. 幼蚕经过四次蜕皮，长成大蚕，可以吃完整的桑叶了。

6. 蚕成熟后，就会爬上用稻秆或麦秸捆成的"小山"吐丝结茧。

7. 取下蚕茧，选择那些茧形饱满、端正的单茧，再剥掉蚕茧外围那些松乱的丝缕即可。

有了蚕茧，又如何把蚕丝抽取出来呢？这就是缫丝工艺了。原始的缫丝方法，是将蚕茧浸在热水中，用手抽丝，几根合为一缕。

到了商朝，出现了最早的缫丝工具——青铜甗（yǎn）。它类似蒸锅，上面放一个木架，将抽出的丝卷绕于丝籰（yuè）（绕丝、线的工具）上。

秦汉以后，成形的手摇缫车出现。宋代，脚踏缫车已在全国范围内普遍使用。此外，自宋代起南方还发明了一种将煮茧和抽丝分开的"冷盆"缫丝法，其缫出的丝，丝条均匀，坚韧有力。再经过纺织、染色、印花等多个工序，就可以变成精美的丝绸了。

07

弓箭：最早的远程冷兵器

早在距今约七八千年的新石器时期，弓箭这一较为复杂的工具便已经出现了。最早的弓箭是被作为狩猎工具使用的，它能够扩大攻击范围，捕杀远处的猎物。

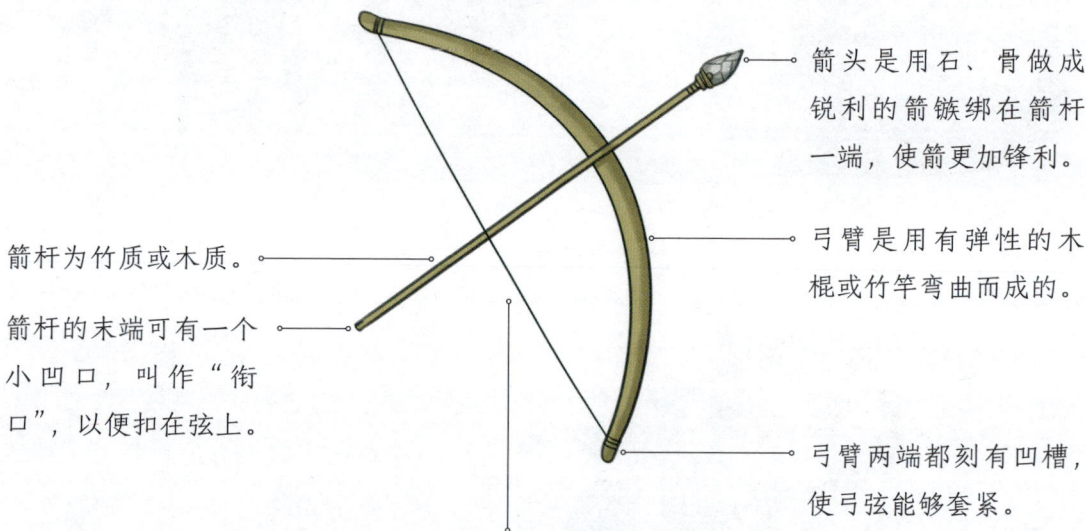

箭头是用石、骨做成锐利的箭镞绑在箭杆一端，使箭更加锋利。

弓臂是用有弹性的木棍或竹竿弯曲而成的。

箭杆为竹质或木质。

箭杆的末端可有一个小凹口，叫作"衔口"，以便扣在弦上。

弓臂两端都刻有凹槽，使弓弦能够套紧。

弓弦有韧性，多是用麻绳、动物的筋或皮条等制成，固定在弓臂的两端。

原始弓箭属于单体弓，结构简单，射程和杀伤力也一般，但在新石器时期弓箭已经非常实用了。它的用途也逐渐由打猎用的生产工具转变为作战用的武器，在部落间的战争中发挥着越来越重要的作用。

此后，弓箭的制作工艺不断提高，到春秋战国时期，出现了不同材料组成的复合弓，以及新的弓形——反曲弓，即弓臂上下两部分呈反向弯曲。这样的弓形蓄能更大，射程更远，杀伤力也更大。

弓弦：用蚕丝做成，更加坚韧。

箭头：多为铁制，有三棱锥形、平头铲形等。

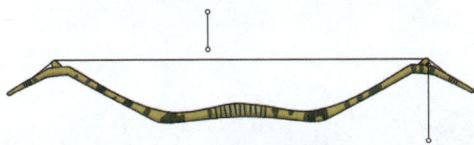

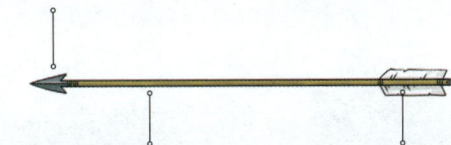

弓垫：用厚牛皮或软木制成，可防止损伤弓身。

箭杆：用竹子或桦木制成。

箭羽：用羽毛制成，能使箭飞得更快，飞得更稳。

此后，随着历史的发展和战争的需要，弓形越来越丰富，性能也不断提高。明清时期，近代火器飞速发展；到清朝后期，弓箭在军事上彻底退出了历史的舞台。

匈奴的长梢弓

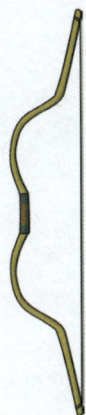

汉代长梢弓

蒙古弓

明代小梢弓

清弓

夏商周的更替

夏朝的建立，标志着中国王朝的诞生。后继的商周时期，国家的地域面积扩大，建立了各项制度，农业、手工业和商业不断发展，创造了灿烂的文明，比如青铜器、甲骨文等都是当时文明高度发达的最好证明。

08 青铜器展现高超工艺

早在公元前3000年的新石器时代后期，青铜器就已经出现了。到了夏商周时期，青铜器不仅种类丰富，数量众多，而且制作工艺高超。当时的工匠已经准确地掌握了铜、锡、铅的比例，以用来制造不同用途的器具。

煮肉的鼎，也是象征国家和统治者最高政治权力的王器。

西周铜方俎：用来切肉的铜砧板。

铜匙：挹（yì）取食物的匙子。

盛放食物的簋（guǐ）。

用来盛放腌菜、肉酱等调味品的青铜豆。

青铜爵：用来盛放、斟倒、加热酒的器具，与角的造型相似。

那么，这些精美的青铜器是怎么制造出来的呢？中国古代有三种铸造技术，分别是块范法、失蜡法和叠铸法。现在我们就用块范法制造一个青铜器。

1. 用黏土做出青铜器的模型，即泥模。

2. 泥模晾晒后，雕刻上纹饰。

3. 将泥模焙烧成陶模。

4. 将泥料敷在陶模上，晾干后就是"范"。

5. 将模刮削出青铜器所需的厚度。

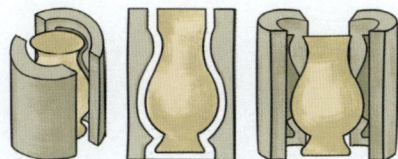

6. 将做好的范和芯进行组装。

7. 把焙烧好的青铜液浇注入模具，填满范和芯间的空隙。

8. 待青铜液冷却后，打破范和芯，取出已经成形的青铜器就可以了。

09

最早的汉字——甲骨文出现了

商朝建立后，王室贵族们非常迷信鬼神，不论什么事情都要先占卜一下。因为龟在古代有通晓古今的寓意，所以古人拿龟壳来占卜。占卜时，把龟壳放到火里去煅烧，其间会产生"扑"的声音，"占卜"之名因此而来。

之后，人们会把占卜的时间、内容、预估情况、应验情况等，刻在龟甲和牛、羊等兽骨上，并妥善保存，这类文字就被称为"卜辞"，也就是我们今天见到的甲骨文。

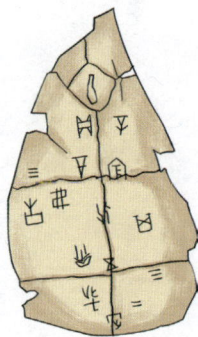

那么，商朝人是如何进行刻写与占卜的呢？

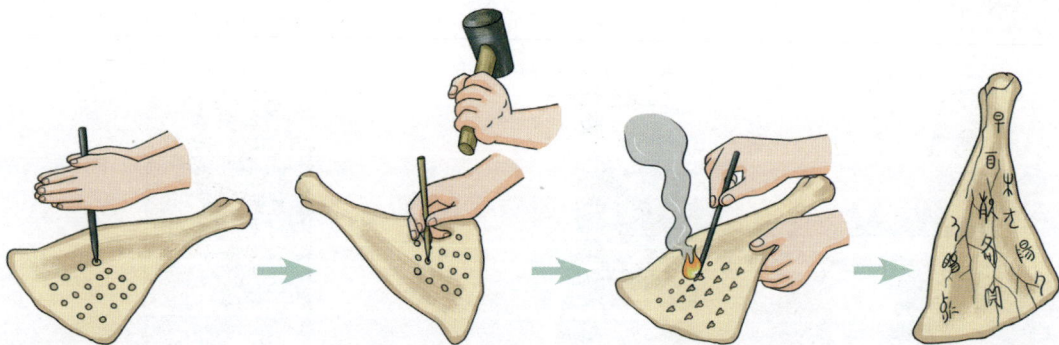

用铜钻在甲骨上钻出深而圆的孔。

在钻孔的一侧凿出枣核形的槽。

用木棍灼烧钻凿处，使甲骨出现裂纹。

根据裂纹判断吉凶，再刻上卜辞。

甲骨文记载的内容十分丰富，涉及祭祀、战争、农牧业、官制、刑法、医药、天文历法等很多方面。这些甲骨文不仅具备了汉字的基本结构，而且使用了多种造字方法。

象形：用图形、线条把物体的外形特征勾画出来，就好像简笔画，甲骨文中约 40% 是象形字。

指事：用一种指示性符号表示某一事物或概念。比如在甲骨文中，一长横表示水平线，在水平线之上加一个符号就表示"上"，在水平线之下加一个符号，就表示"下"。

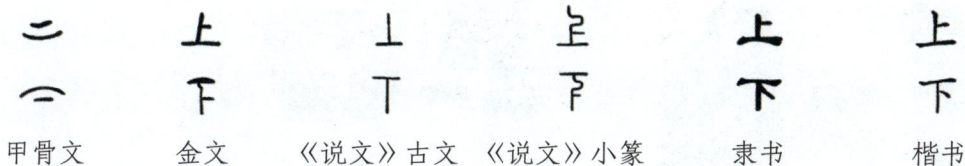

甲骨文	金文	《说文》古文	《说文》小篆	隶书	楷书

会意：把两个或两个以上的独体字结合起来表示新的意义。如"从"字，两个"人"组合在一起，表示"跟从"的意思。

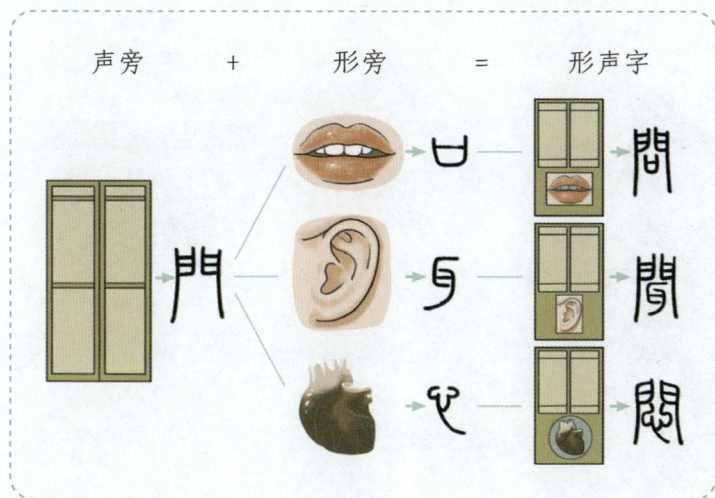

声旁　+　形旁　=　形声字

形声：用声符（声旁）来表示汉字的发音，用形符（形旁）表示汉字的意义，这样组成新字，汉字就实现了"批量生产"，导致汉字中将近 90% 都是形声字。

10

酿酒：如何把粮食变成酒

中国酿酒历史悠久，特别是到了夏商周时期，发明了曲蘖酿酒技术，这种技术领先了欧洲一千多年。用这种技术酿酒需要先做酒曲，也就是粮食发酵的引物，也叫"酒引子"，用麦子、面粉、米粉等制成，没有酒曲，再好的粮食也酿不成酒。

2. 把麦粒洗净，保留淘麦水。

1. 准备带皮的麦粒。

3. 把洗净的麦粒晒干。

5. 在捣碎的麦粒中加入淘麦水，拌匀，倒入模具中，踩实，做成块状。

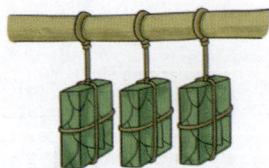

4. 把晒干的麦粒捣碎。

6. 用楮叶包扎起来，悬挂于通风处四十九天后即可使用。

有了酒曲，下一步就可以开始酿酒了。虽然酒的种类繁多，但工艺大多一脉相承。我们就以商周时期最普遍的黄酒为例，了解一下古人造酒的过程。

1. 将糯米浸泡在水中，促进淀粉的充分水解。

2. 蒸煮浸好的米，使之糊化，这样更利于发酵。

3. 将蒸熟的糯米摊开降温。

4. 把糯米、麦曲等原料投入容器中，等待酒的发酵。

5. 人工搅拌冷却。

6. 通过压榨的方法，把酒和糟粕分离。

7. 把酒加热至90℃，杀灭微生物，便于贮藏。

8. 将灭菌后的酒趁热装坛，慢慢发酵，时间越久口感越好。

11 石磨出现，有豆浆喝了

夏商时期就已经出现大豆了，到了战国时期，我国北方地区开始普遍种植大豆，并成为主要粮食作物。大豆收获了，怎么食用呢？当时，有一位叫鲁班的工匠大师发明了圆形石磨。

这种石磨可以把坚硬的大豆加工磨成粉末，甚至可以磨出流质的豆浆。下面我们就来看一看石磨是怎么做出来的。

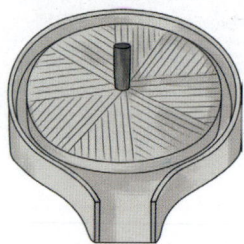

1. 用一定厚度的扁圆柱形的石头制成石磨下扇，留出磨膛，刻出有规则的沟槽，并在中心凿一个小洞，插进铁制立轴。

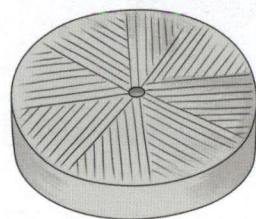

2. 用同样的方法做出石磨的上扇，并刻出规则的沟槽。

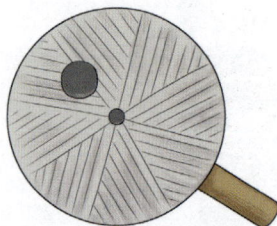

3. 在上扇的一侧凿出一个磨眼；在中心处凿出一个孔套；在侧面凿孔，安装手柄。

4. 将下扇的铁制立轴从上扇中心的孔套中穿过，使石磨上下两扇相合，下扇固定，上扇能够绕立轴滚动。

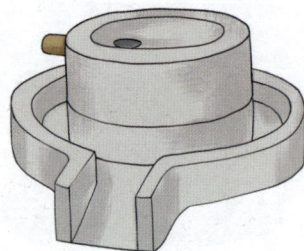

石磨制作完成，下面就可以磨粉或豆浆了。

将大豆和适量水一起倒入磨眼。

握住手柄，逆时针方向旋转上扇。

大豆被磨碎，与水混合，从两扇磨中间流出来的就是豆浆了。

【小知识】古代的粮食加工石器还有哪些

1. 石臼和石杵：远古时期就已经出现了，使用时，将稻谷放进去，双手握石杵上下捣击。捣击一会儿，把石臼里的谷物倒出来，去除谷皮后再放进石臼中反复多次捣击，最后剩下的便是米。

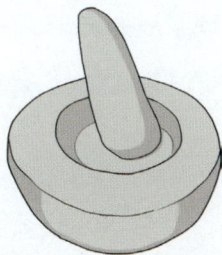

2. 石碾：一种用石头和木材等制作的使谷物等破碎或去皮的工具，当逆时针推动碾棍，碾砣转动起来时，石碾就开始工作了。

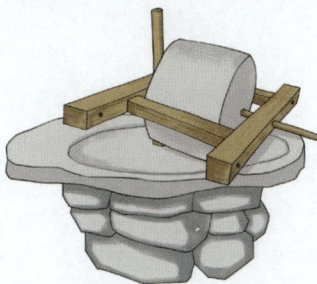

12

圭表：中国古代最早的计时器

早在西周时期，圭表就已经出现了，最开始它是作为炼丹时记录时间的器具。后来，人们将它打开放在太阳底下，根据表的影子变化区间来记录时间。

表：一根垂直竖立在地上的杆子，与圭垂直。

圭：平放在地上的刻有刻度的石板，放在表的正北、正南方向。

当太阳照着表的时候，圭上出现了表的影子，根据圭上的刻度读出表影的长度。

圭表的用途非常多，经过多年的实践，人们能依据影子的方向、长短变化来判断方位、节气等信息。

◎ 圭表定方位

日影最短时为正午，正午时日影所在的方向为正北，反向为正南。

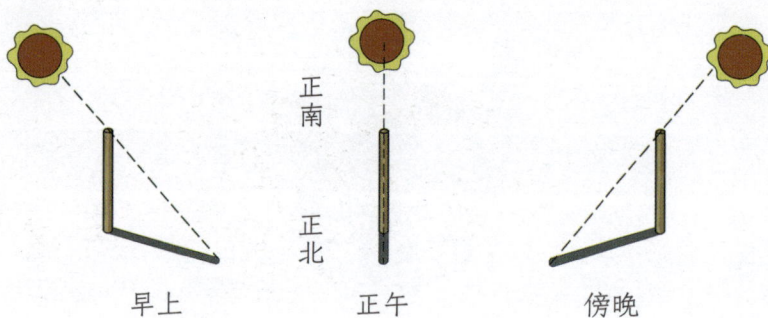

正南
正北

早上　　　　　　　正午　　　　　　傍晚

东西方位怎么测量呢？

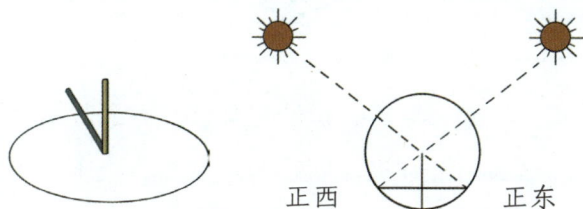

正西　　　　正东

以表为圆心画一个圆周，然后观测同一天日出和日落影子与圆周的交点。连接两个交点，这条直线就是正东、正西的方向。

◎ 圭表定节气

由于不同季节太阳在正午时分的高度角不同，表投在圭上的影长也随之不同。所以，早在春秋时期，人们就可以通过圭表来确定冬至日和夏至日。

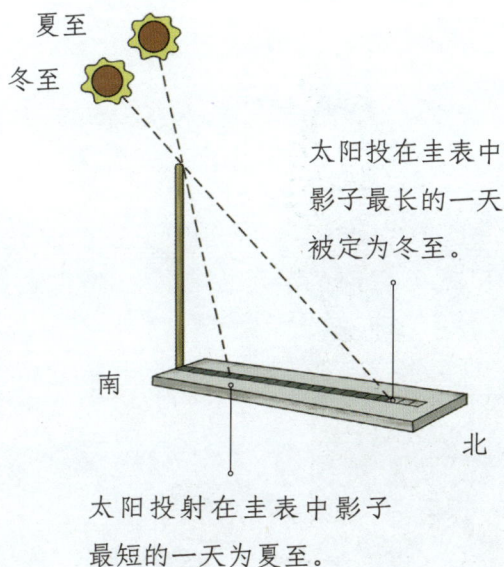

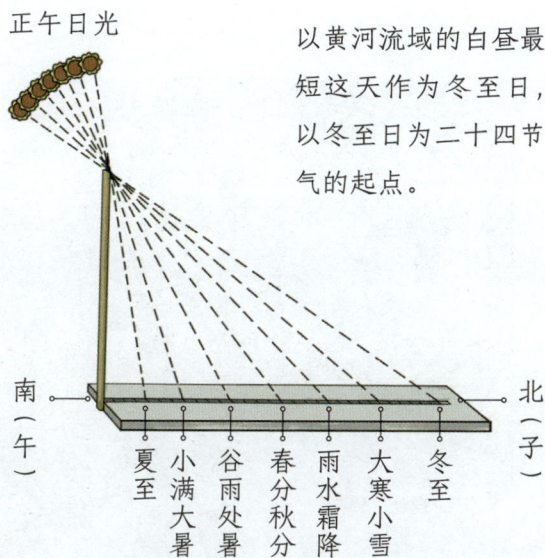

夏至
冬至

太阳投在圭表中影子最长的一天被定为冬至。

南　　　　　　北

太阳投射在圭表中影子最短的一天为夏至。

正午日光

以黄河流域的白昼最短这天作为冬至日，以冬至日为二十四节气的起点。

南（午）　　　　　　　　　　北（子）

夏至　小满大暑　谷雨处暑　春分秋分　雨水霜降　大寒小雪　冬至

在圭表之后，又出现了日晷（guǐ）、高表、观星台等计时器的"升级版"，使测影、计时的精确度大大提高。

日晷

13

铁制农具和牛耕的使用

春秋战国时期，诸侯争霸，战争频发，一方面需要大量的粮食，一方面战争使人口减少，影响了农业生产的正常进行。这些问题都迫使农业快速变革，力求用更少的人口更快速地生产更多的粮食，于是，铁器和牛耕被广泛使用在农业上。

◎ 最早的冶铁技术

铁制农具的出现是建立在冶铁技术基础上的，当时主要有两种炼铁法，一种是块炼法，另一种是生铁冶铸技术。

块炼法：把含铁的铁矿石放进比较低矮的炼铁炉内，用木柴、木材烧制，冶炼温度比较低，炼出来的是比较疏松的海绵铁，即块炼铁，再经锻打、挤渣，成为熟铁。

用这种方法炼出来的铁，在质量和数量上都得不到保证。所以，在春秋早期，铁主要被用来制造武器，铁制农具只是零星出现。到了春秋后期，人们又发明了生铁冶铸技术（如下图所示）。

1. 把铁矿石放进高大的竖炉，以煤炭烧制。

2. 高温将铁矿石熔化为液态生铁。

3. 根据需要铸成锭块或浇铸成器。

◎ 春秋战国时期的铁农具

冶铁技术的改进，使铁的产量有了很大的提高，铁制农具开始大量出现。到了战国时期，铁制农具已逐渐取代了其他材质的农具。

◎ 牛耕出现

以前，耕地都是人工进行的，耗力多且效果差。春秋战国之交，开始用牛来拉犁耕作，农夫通过扯拽缰绳来控制牛的行进方向。这样可以精耕细作，提高生产力水平。

14 各种各样的金属铸币登上历史舞台

中国最早的货币出现在夏朝时期，当时以贝币为主要的流通货币。

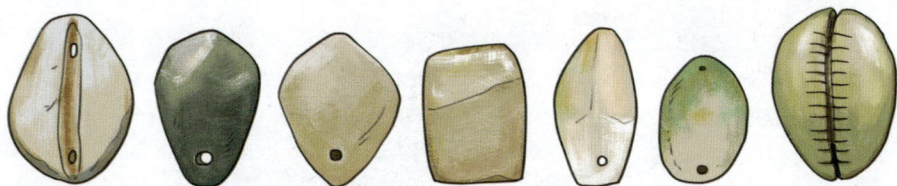

到了春秋战国时期，冶铁业发展成熟，中国进入铁器时代，铜、铁等制作工艺日渐成熟，贝币消失，各种各样的金属铸币开始登上历史舞台，主要有以下四大系列。

1. **布币**：模仿农具铲子铸造而成，又称"铲币"，主要流通于赵国、魏国、韩国。

2. **刀币**：形状像刀一样的货币，是由一种叫作"削"的工具小刀演变而来的，主要流行于齐国、燕国、赵国。

3. **圆钱**：又称"环钱"，形似圆环。战国末期，除了楚国以外，其他各国都使用圆钱。

4. **蚁鼻钱**：面部有字，形状似海贝，尖头有穿孔，主要流行于楚国。

各个国家的货币在形状、大小、轻重等方面都不相同，那怎么才能保证各自的货币一致呢？一起来看下古代金属货币的铸造过程。

第一步：准备原料。春秋战国时期金属铸币的原料主要是青铜，即一种青灰色的合金。

第二步：制范。范即模具，用来构成钱币的造型和纹样，"模范"一词即来源于此。春秋战国时期主要采用的是泥陶范。

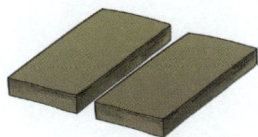

1. 先用黏土制作范坯。

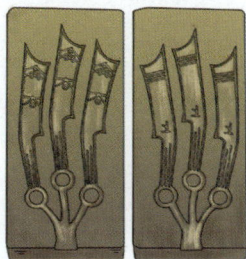

2. 范坯未干之前，在正反面分别雕刻钱的外形、制作浇道和浇口，阴干后，再将之烧造成陶范。

3. 面范与背范合拢后，上面至少要留下一个浇注孔，这样一套钱币的模子就做好了。

第三步：浇铸。将青铜熔化成液态，倒入模具上方的小孔里。等铜水冷却后，打碎模子，把钱币一个个分开。

第四步：打磨。用锉打磨钱币的边缘，去掉毛刺，最后成形。

模具的使用是我国古钱币铸造技术的一次突破性进展，使钱币式样和重量趋于规范和统一。后期又逐渐出现了石范、铜范、铁范、铅范等多种可重复使用的模具。

瓦开始用于建筑的屋顶

在西周以前，即使是帝王宫室，居住的也是土筑房屋，屋顶覆盖的是茅草。到了西周时期，开始流行木构架建筑，屋顶上也有了防雨的瓦。现在就来认识一下这些瓦件。

板瓦：比较平整，横断面是小于半圆的弧形，用来盖屋顶时，要从屋脊开始，依次仰面铺。

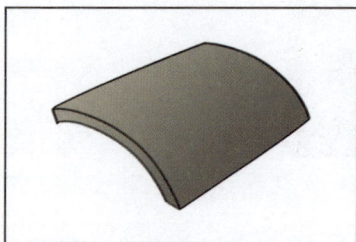

筒瓦：横断面呈半圆形，只能出现在宫殿、庙宇等建筑上，平民百姓不允许使用。铺瓦时，筒瓦扣在板瓦之间纵向相接的接缝上。

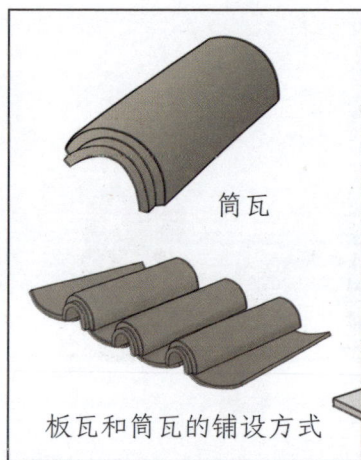

筒瓦

板瓦和筒瓦的铺设方式

瓦当：就是筒瓦的瓦头，用来遮挡下面的檐头，抵挡风吹、日晒、雨淋，用来延长建筑的使用寿命。同时也有装饰屋檐的作用，增加建筑的美感。

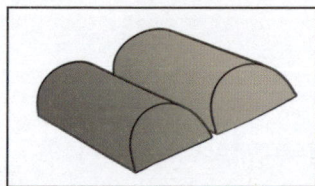

板瓦、筒瓦、瓦当的组合铺设方式

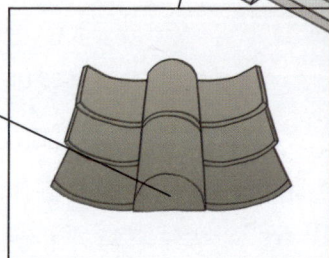

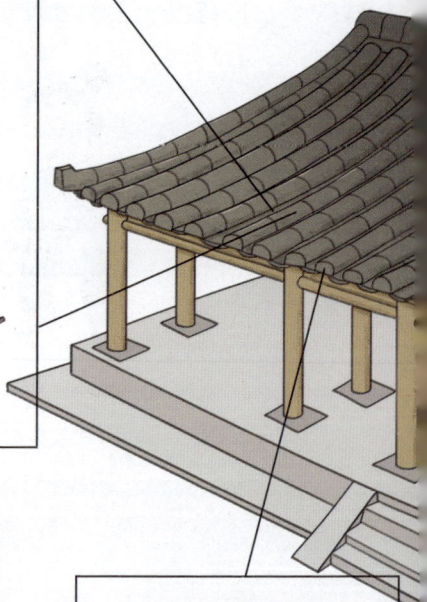

周朝时，制陶业进一步发展，已经开始使用模具大规模生产瓦件。当时的瓦都是用泥条盘筑拍制的。

2. 其次，盘满之后，将手伸入筒内用陶拍向外捶击，直至成形。

1. 首先，用手工搓制圆柱形泥条，放入竖立的圆柱状模具里，逐层盘筑形成空心圆柱体。

3. 最后将圆柱状坯体二分切割成为板瓦、四分切割成为筒瓦，然后入窑烧制。

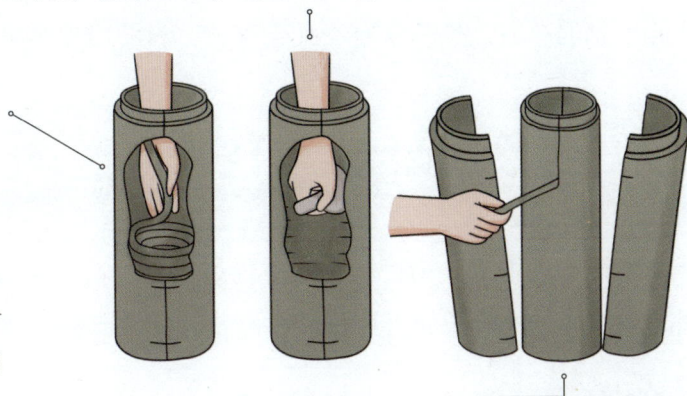

东周时期，瓦当面开始变得多姿多彩，同时出现了圆形瓦当。

秦始皇统一六国后，瓦当纹更为丰富，包括飞禽走兽、植物花卉、云纹等。

汉代时，瓦当艺术达到了高峰，标志性、寓意性的文字瓦当及云纹、四神纹瓦当盛极一时。

到了六朝时期，南京地区的瓦当又出现了很多新的图案，如人面纹、兽面纹、莲花纹等。

秦汉大一统王朝

公元前221年，秦始皇建立了大一统王朝，推行了很多巩固统一的措施。汉朝采取休养生息的政策，经济恢复，社会稳定，科技成就突出。

16 万里长城——世界建筑史上的奇迹

秦始皇统一天下后，为了阻止北方匈奴南下，秦始皇派大将蒙恬征调大量民力，将战国时期修建的原秦长城、燕长城、赵长城连接起来，形成了秦长城。

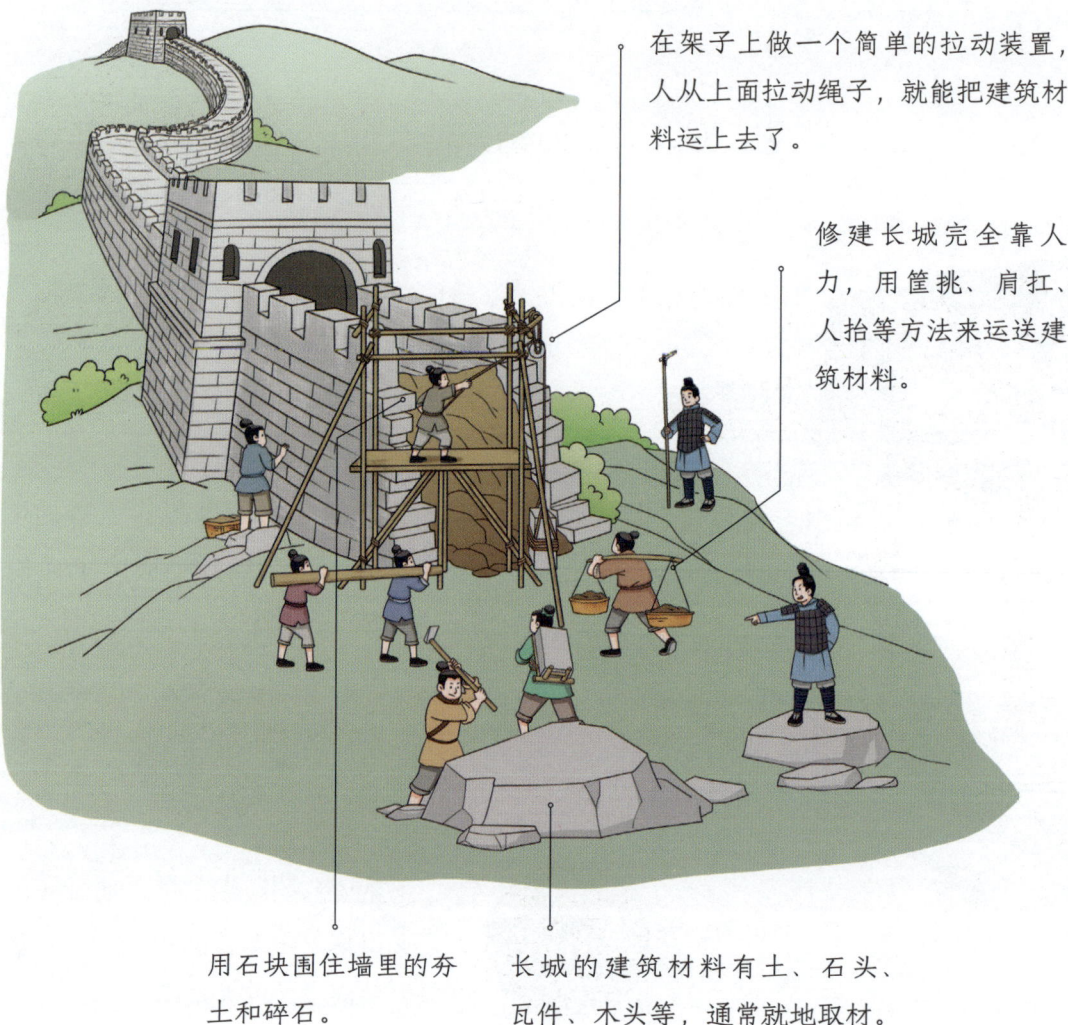

在架子上做一个简单的拉动装置，人从上面拉动绳子，就能把建筑材料运上去了。

修建长城完全靠人力，用筐挑、肩扛、人抬等方法来运送建筑材料。

用石块围住墙里的夯土和碎石。

长城的建筑材料有土、石头、瓦件、木头等，通常就地取材。

到了汉代，汉武帝为了对抗匈奴又修建了汉长城，它是一条由烽燧、古堡、亭障等组成防御工事的"外长城"，长1万多公里。玉门关、嘉峪关、雁门关等都是汉长城上的重要关隘。

而我国现存的长城是明代修建的明长城，由巨大的条石与青砖构筑起坚固的城墙，城墙险要处还有城台、墙台和敌台，气势雄伟，是历代长城中工艺最复杂、最成熟的。

【小知识】

匈奴是夏朝后裔，商朝时被称为鬼方、混夷、獯鬻（xūn yù），周朝时被称为猃狁（xiǎn yǔn），战国时开始被称为匈奴。匈奴居大漠南北，以牧畜为生，逐水草而居，居无定所。匈奴从小骑马射箭，是天生的骑兵，经常南下进扰汉族王朝。

17 造福千秋的都江堰

公元前256年，为解决四川岷江水患，蜀郡郡守李冰带人设计建造了都江堰——一座世界上现存历史最久远的无坝引水工程。都江堰充分利用了当地西北高、东南低的地理条件，设计巧妙，由渠首和灌溉网两大系统工程构成。其中，渠首建于岷江中，分为鱼嘴、宝瓶口和飞沙堰三个主体工程。

都江堰位于高山与平原的交接处，利用地势和河道，把成都平原变成了"天府之国"。

鱼嘴：负责分水。形似一条大鱼卧于江中，将岷江分成内江和外江，内江较窄，用于灌溉；外江较宽，用于分洪。

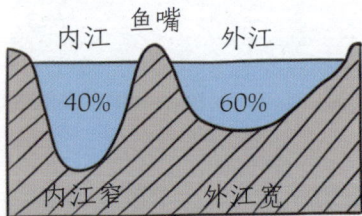

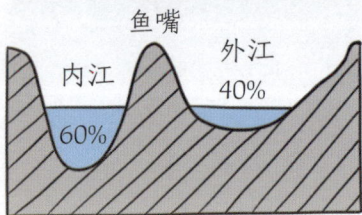

飞沙堰：是一座 2 米高的矮堤坝，长 120 米，位于内江右岸的弯道处，主体由鹅卵石笼沉入水下组成。在洪水期用于分洪，并减少泥沙淤积。

汛期：水量大，通过飞沙堰排向外江。

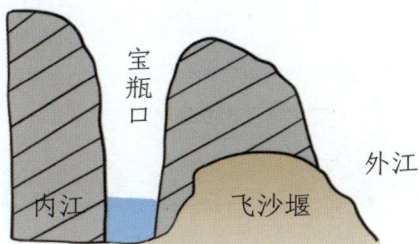

汛期：水量少，通过宝瓶口灌溉成都平原。

宝瓶口：位于内江下游左岸的出水口，为人工开凿玉垒山而成，宽 20 米，高 40 米，长 80 米，就像酒瓶的开口，既能引水流入东边网状的渠道，灌溉农田，同时还能防止内江洪水过多进入成都平原。

都江堰为秦始皇统一六国立下了汗马功劳。直到两千多年后的今天，都江堰还一直发挥着巨大的作用，这在世界水利史上绝无仅有。

发明造纸术，把树皮变成了纸

我国是世界上最早发明纸的国家，在纸问世之前，古人多用简、帛书写。

简：用竹木制成，分量很重。

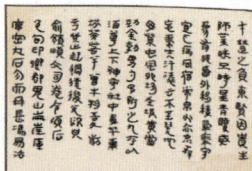

帛：一种白色的丝织品，虽然轻，但价格昂贵。

到了西汉时期，人们就已经懂得了造纸的基本方法，是用麻皮纤维或麻类织物做成的，即为麻纸，它被称为中国最早的纸。只是这种纸太粗糙，且数量少，成本高。

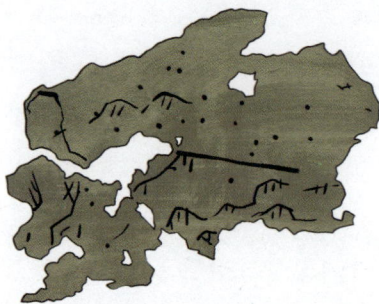

甘肃放马滩出土的绘有地图的纸，是目前世界上最早的纸。

直到东汉时期，一个叫蔡伦的宦官为了提高纸的适用性，经过反复尝试，最终用树皮、麻头、破布、旧渔网等原料造出了便于书写的纸，人称"蔡侯纸"。

树皮

麻头

破布

旧渔网

1. 将树皮切碎，放到水中浸泡至发软。

这些原料常见、易找、质地细、价格低，而且用蔡伦改进技术之后造出来的纸张，平整、光滑又有韧性，写字、画画手感都非常好，因此迅速在全国范围内流行使用，成为主要的书写材料。蔡伦改进的造纸术容易操作，就此成了当时乃至后世造纸的基本步骤。

2. 将泡软的原料洗净。

3. 将原料掺入火灰或泡入石灰水中搅拌、浸泡。

4. 将原料放入大桶中，盖上麻布，用中火蒸煮。

5. 将原料清洗后，放在石墩上，用木槌反复捶打，切断纤维。

6. 将捣碎的原料制成泥膏状的纸浆。

7. 用抄纸帘在抄纸槽内反复捞浆，形成薄皮状的湿纸。

8. 将湿纸沥水，逐张置于太阳下晒干或用烤炉焙干，揭下来就是纸张了。

　　自 4 世纪起，造纸术传到国外，最终传遍全世界，促进了文化的交流和教育的普及，为人类文化发展做出了贡献。

19 钢铁是怎样炼成的

两汉时期，铁制农具普及，钢铁的需求量大大增加，从而推动了冶铁炼钢技术的发展，百炼钢、炒钢、灌钢等制钢技术都是在这一时期出现的。

准备块炼铁。

先来看百炼钢。它最初以块炼铁为原料，对它进行反复加热、折叠、锻打，使它吸收木炭，减少杂质，韧性越来越强，最后成为钢。这项技术的关键就是千锤百炼。

把块炼铁放在炭火上加热。

将加热的铁块反复锻打、折叠。冷却后，再次加热、折叠、锻打，逐渐减少杂质，直至斤两不减，即成百炼钢。

【小知识】

这里的"百"是指很多次，"百炼"就是说加热、锻打了许多次，表示工艺难度和铸造成本高。每加热、锻打一次为一炼，所以，当时的百炼钢有"五炼""九炼""三十炼""五十炼""七十二炼""百炼"等许多品种。

钢既坚硬又有韧性，非常符合人们的需求，而且百炼钢碳含量比较多，组织更加细密，成分更加均匀，成为铸造宝刀、宝剑的重要材料。

用百炼钢制作的环首刀：刃直刀长，刚硬锋利，是当时世界上最为先进、杀伤力最强的近身冷兵器。

这样一来，百炼钢的需求越来越大，但其原料块炼铁的生产量较少，限制了百炼钢的发展。所以，汉代工匠又发明了一种新的生铁炼钢技术——炒钢。炒钢的原料是生铁，在冶炼过程中要不断地搅拌，就像炒菜一样，因而得名"炒钢"。

把生铁放入熔炉中加热到熔化，加入矿石粉，并在熔炉中不断搅拌，借助空气中的氧气使生铁中的碳氧化，把含碳量降低，从而得到钢。

炒钢技术虽然很好，但操作起来太复杂了，不容易掌握和控制，所以到了东汉时期又发明了灌钢法，大大提高了钢的产量，推动了社会的发展。

灌钢是将生铁按照比例放在熟铁上，加热使其熔化，高碳量的生铁汁灌入下面红热的熟铁里面去，相互融合成为钢。炼好的钢继续锻打，使其组织均匀，挤出杂质，最后成形。

20

游标卡尺：比欧洲早了 1600 多年

最早的游标卡尺

这是一件汉代青铜器，它像不像一把手枪？其实它是一种测量工具——游标卡尺，铸造于新朝王莽始建国元年（公元 9 年），被认定为国家一级文物，这也是世界上最早的游标卡尺，它的出现比欧洲早了 1600 多年。

这把新朝时期的游标卡尺全长 14.22 厘米，结构精巧，我们来认识一下它的结构。

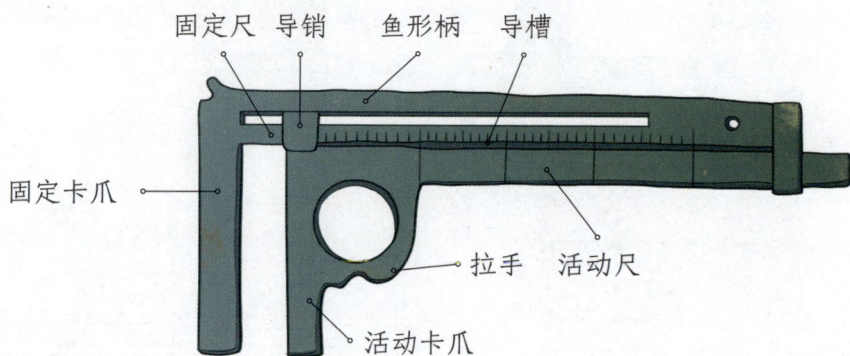

固定尺　导销　鱼形柄　导槽

固定卡爪

拉手　活动尺

活动卡爪

游标卡尺是一种较为精密的测量工具，主要用来测量物品的长度或深度、圆形物品的内外径等，比使用直尺更方便、精确。比如古人想要测量宝石、玉石的直径，就可以将其夹在固定卡爪和活动卡爪之间，来获得准确的尺寸。

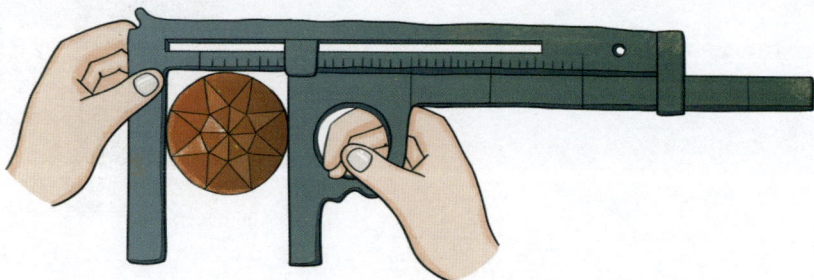

直至今日，游标卡尺大体还保持着新朝时期发明时的样子。卡尺的固定尺与活动尺，相当于现代游标卡尺的主尺和游标尺；导销和导槽，相当于现代游标卡尺的游标架，结构是相似的。所以，新朝时期的青铜卡尺被专家称为"现代游标卡尺的鼻祖"。

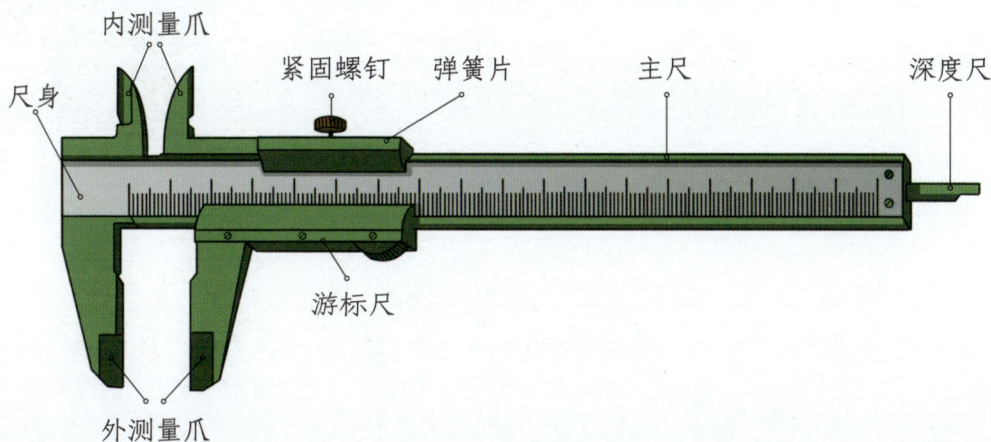

内测量爪
紧固螺钉　弹簧片　　　　　　主尺　　　　　　深度尺
尺身
游标尺
外测量爪

测量时，将物品放在两个卡脚（量爪）中间，通过游标刻度与尺身刻度的相对位置，即可读出它的尺寸大小。当需要微调游标时，可以先拧紧螺钉，再旋转微调螺母，即可推动游标。游标依靠弹簧片的作用，可以沿着主尺滑动。

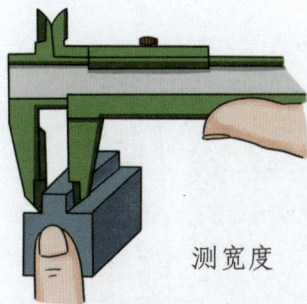

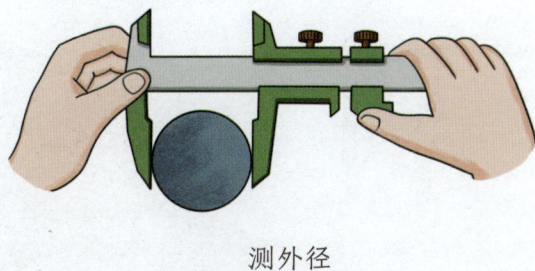

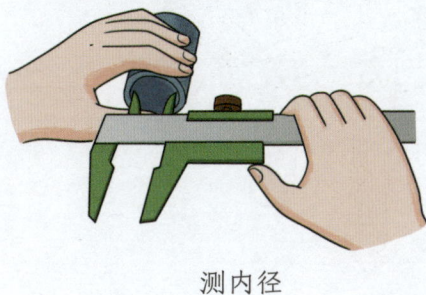

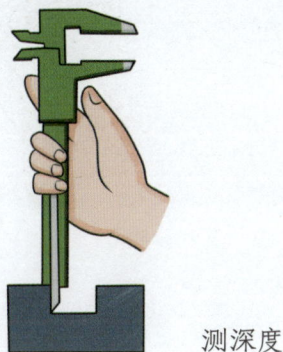

测宽度

测外径

测内径

测深度

21

扬谷扇车：净化粮食谷物的神器

两汉时期，随着农业和科技的发展，劳动工具也不断更新换代，出现了很多的新发明，最有名的是一种整理谷物的工具——旋转式风扇车，也就是所谓的"扬谷扇车"。据说，这项发明比西方国家早了 1400 多年。

扬谷扇车结构精巧，由车厢、喂料斗、启门、出粮口、扇叶、摇柄、支脚等组成。主体结构为木制，扇叶一般有 4 扇或 6 扇。进风口位于轴侧，出风口在对侧，出风口与扇轮之间为分离室。喂料斗下方设有启门，用于控制谷物下流的速度。

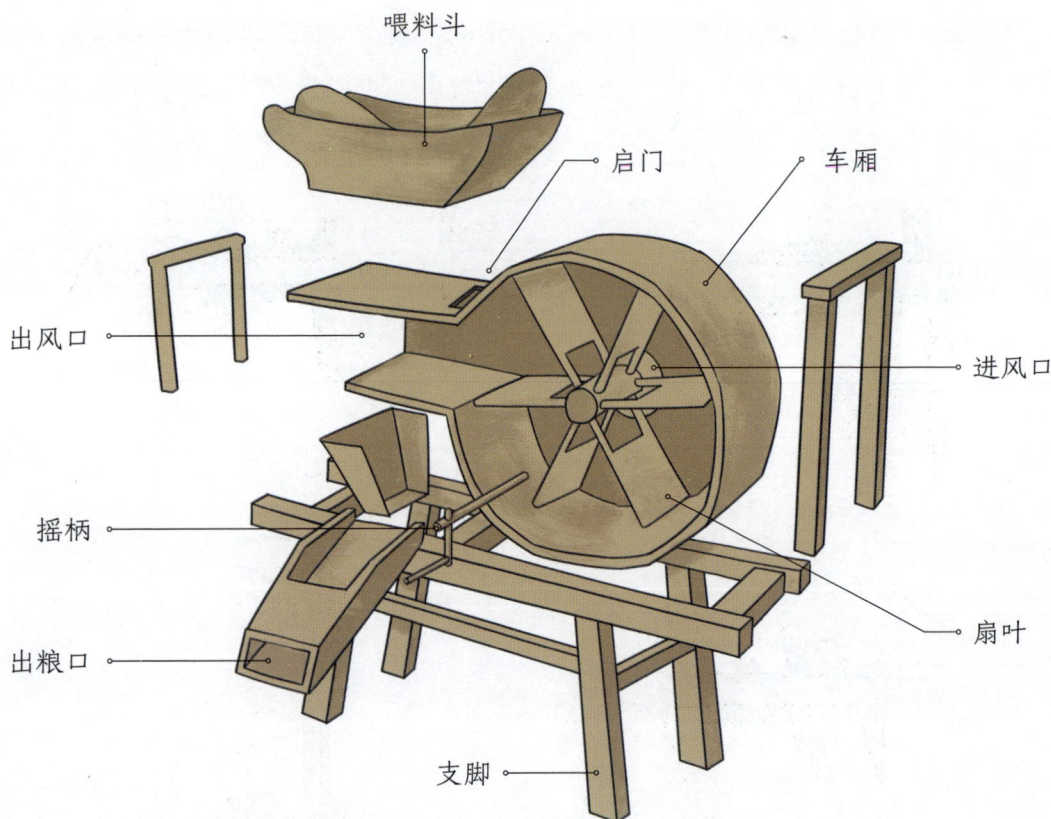

喂料斗

启门

车厢

出风口

进风口

摇柄

扇叶

出粮口

支脚

作为一种风力机械，扬谷扇车主要通过风力连续转动，从而将较轻的稻谷吹出，留下较重的稻谷，高效地进行粮食清选，实现糠谷分离。

将谷物放进上边的喂料斗。

开启喂料斗下方的启门，谷物在重力作用下会缓缓落下。

摇动扇车，风道内就有风吹过。

质量较轻的谷壳及轻杂物，被风力吹出出风口。

饱满的谷粒则直接落至下方出粮口，由此将糠秕与谷粒分开。

后来，人们又对扬谷扇车进行了改进，使之更加科学、高效。扬谷扇车主要分为双出粮口扇车和切向出风扇车两种。

双出粮口扇车：径向出风，可以进一步区分饱满的米粒和秕谷。

切向出风扇车：这种扇车沿着切线方向出风，在打谷场上用得多，力道很足，效率高。

三国两晋南北朝：短暂的统一与漫长的分裂

三国鼎立使中国走向局部统一。随后西晋短暂地统一了全国，但不久又陷入南北分裂的对峙局面，且南方经济日益超过北方，科技文化也有着显著进步，为新的统一局面的出现奠定了基础。

㉒ 祖冲之与圆周率

祖冲之是我国南北朝时期著名的数学家和天文学家，他在数学上的杰出成就是把圆周率的准确数值史无前例地计算到了小数点后第七位。

3.1415926
~
3.1415927

"圆周率就是圆的周长与直径的比值，用希腊字母"π"表示。我计算出来的圆周率在 3.1415926 和 3.1415927 之间。"

在祖冲之生活的时代，连算盘都没有，那么他是如何算出精确度这么高的圆周率的呢？他计算圆周率所使用的方法是三国时期魏国数学家刘徽发明的"割圆术"。

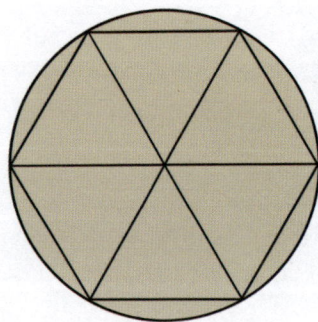

圆内接正六边形

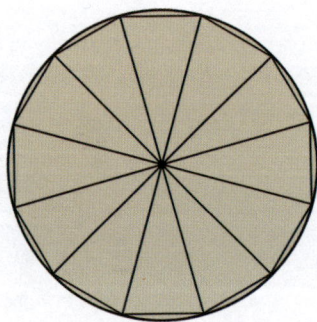

圆内接正十二边形

所谓"割圆术"，就是用圆内接正多边形的面积来无限逼近圆面积，刘徽计算到圆内接正九十六边形，求得 π =3.14，并指出：内接正多边形的边数越多，所求得的 π 值越准确。

祖冲之在刘徽的基础上完成了海量计算，他借助了古人发明的一种古老的计算工具——算筹。

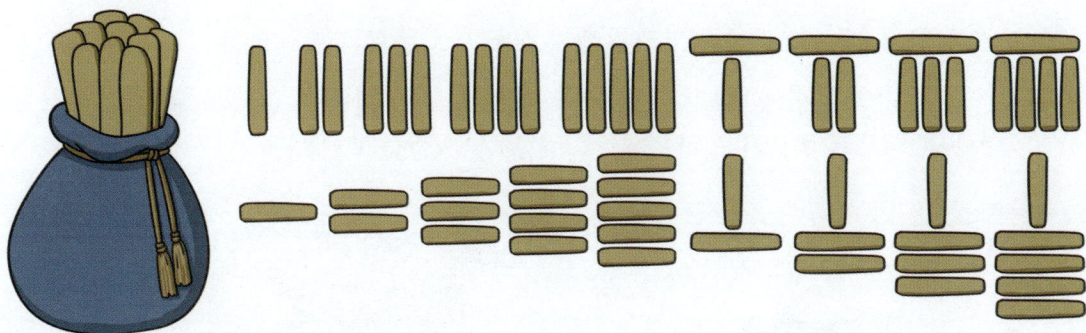

算筹是长短、粗细一致的一堆棍，可用竹、木骨或金属等材料制成，以横竖组合的形式表示数字1~9，然后按类似珠算的方法进行计算。

祖冲之先在房间地面上画了个直径为1丈（约3.33米）的大圆，又在里边画了一个内接的正六边形，然后摆开算筹开始计算。为避免出现误差，他每一步都至少计算两遍。

经过刻苦钻研，反复演算，一直算到正24576边形，他求出 π 在3.1415926与3.1415927之间，而外国数学家获得同样的结果已是一千多年以后的事情了。

【小知识】

1706年，英国人威廉·琼斯（William Jones）首先使用"π"这个希腊字母表示圆周率。圆周率其实是一个无限不循环小数，为方便使用，后来人们规定它的有效数字为3.14。

23 牛车成为最尊贵的交通工具

从东汉末年到南北朝时期，一直战乱不断，大量马匹战死沙场，牛车的地位逐渐上升。加之牛车行走缓慢而平稳，车厢宽敞高大，悠闲舒适，更符合当时达官贵族、士大夫的需求，所以牛车就成为了当时最主要的交通工具。

根据当时的礼制，牛车分为不同的等级，从皇帝到王公贵族，再到大臣、士大夫，不同等级的官吏有不同颜色和质料的车盖、不同的车身装饰。这使得牛车又成为了标榜身份的象征，比如一般的小官只能坐最简单的牛车。

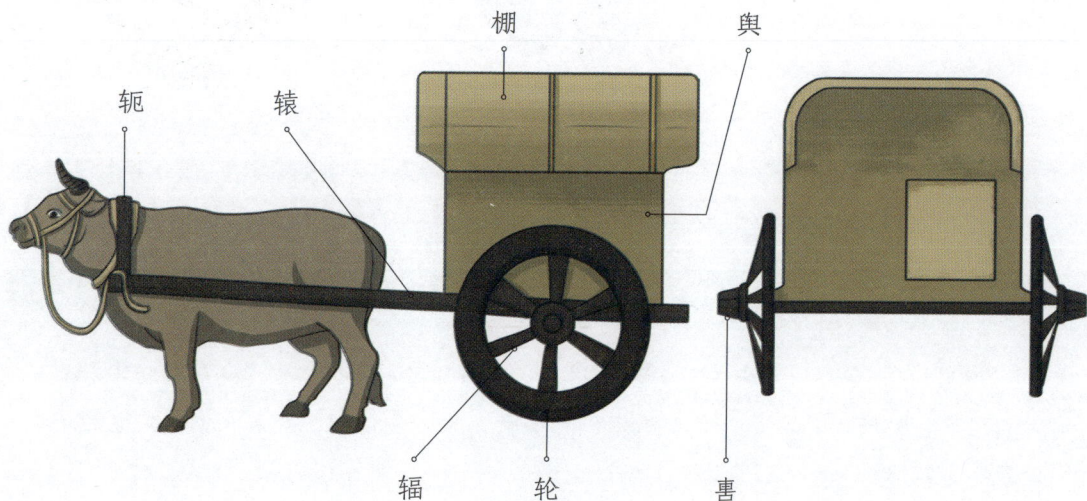

棚　奥

轭　辕

辐　轮　害

宗室贵族和三公大臣坐的牛车就要高级多了，不仅装饰精美，车顶上还有支起来的篷幔，可防止阳光暴晒。车内放置香料，香气弥漫，还能安置供人休闲倚靠的凭几，非常舒适。

皇帝出行的座驾当然是最精美、最豪华的了，巨大的篷幔连牛都能遮住，车轮都用漆画了。《三国志》就记载了吴主孙权的牛车要用八头牛来拉，可以说是古代座驾的顶配版了。

此外，在一些高级牛车上还有一些特殊装备，最有代表性的就是相当于配备了"GPS"的指南车和能计算行车里程的记里鼓车，显示了古代机械技术的卓越。

指南车：一种双轮独辕车，车上立一个木人，伸臂指南。在行进中，不管车子转向何方，木人的手臂始终指向指南车出发时设置的木人指示方向。

记里鼓车：皇帝出行时的装备，能自动计算出行车里程，并通过车上方的木人击鼓报告行程，每行一里就击打一槌。

青瓷一统天下

青瓷是一种表面施有青色釉的瓷器，中国早在商周时期就出现了原始青瓷，历经春秋战国时期的发展，到东汉时期青瓷的烧造工艺日益成熟。至魏晋南北朝时期，虽然社会动荡，但以青瓷为主的制瓷业迅速发展，呈现出一统天下的局面。首先，让我们来看看青瓷是如何制作出来的。

1. 采集高岭土，又名"瓷土"，呈白色而质地又细腻，含铁量低、可塑性好、耐火性较高，是烧制青瓷的上等原料。

2. 将高岭土反复淘洗，去除杂质，使之后制作出来的坯体平整、干净。

4. 将坯体摆放在木架上晾晒，使之干燥、定型。

3. 通过拉坯、利坯、挖足等工艺，给瓷器做一个造型，如杯、盘、壶等。

5. 根据需要，用竹刀在半干的坯体上进行装饰、绘纹，使瓷器更美观。

6. 将坯体放入 800~900 摄氏度的窑中烧制，去除水分，增强吸附釉水的能力。

7. 将坯体浸泡在青色的釉浆中均匀地上釉。

8. 将施釉后的坯体放入 1300 摄氏度的窑内连续烧 24 小时，待冷却后，便是完整的青瓷作品了。

魏晋南北朝时期的青瓷器身厚重、沉实，融合了雕刻、刻画和堆塑等装饰手法，在造型上大胆创新，留下了诸多精品。

三国时期的青瓷以淡青色为主，流行弦纹、水波纹等纹饰。

西晋时期的青瓷呈青灰色，流行带状花纹、铺首及各种动物造型，器身偏于矮胖。

南朝时期的青瓷多为淡青或淡绿，流行莲瓣纹。

东晋时期的青瓷釉色略偏黄，造型由矮胖墩实向瘦高挺拔发展，纹饰简洁，流行两个泥条系并排的双复系装饰。

北朝青瓷胎体厚重，玻璃质感强，釉面有细密的开片，釉色青中泛黄。

25 "垂足而坐" 的家具创新

在汉代以前，人们的起居方式是席地而坐，就是在地面上铺上席子。人们跪坐在席子上吃饭、喝茶、待客等，所以家具都是低矮型的。

可是，跪坐时间长了，腿脚酸痛，潮湿的地面对身体也有损害。所以，到了汉代，席已不能满足贵族阶层追求享受的需要。于是，一种比席高、专门用于坐的家具——榻应运而生。

魏晋贵族们又在坐榻的上方用幔帐遮顶，周围用精美屏风挡住，就像一间豪华小单间，称为"斗帐"，专门为长者、尊者或女子提供一个独立的私密空间。

后来，北方少数民族内迁，胡床等少数民族的高型家具也传入内地，并与中原家具融合，使得部分地区出现了渐高家具，椅、凳等高型坐具开始崭露头角。

绳床：现代椅子的雏形，有靠背可以倚，坐面是用细绳编织而成的。最开始是僧侣静坐禅修时所用的坐具。

胡床：类似于现在的"马扎儿"，是一种可折叠的轻便坐具。

筌蹄：形似束腰长鼓，当时仅限于上层贵族和佛家僧侣使用。

方凳：初期供踩踏或放置物品用，后来逐渐发展成为可以垂足而坐的高型坐具。

高型坐具彻底解放了人们的双腿，备受人们喜爱，逐渐普及起来。此外，为了追求享受，人们还发明了更人性化的倚靠用具。

隐囊：椭圆形的软靠枕，放置在身体侧后方，斜倚上去，舒适又柔软。

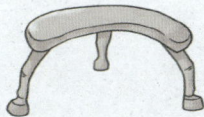

三足凭几：能让使用者随意调整凭靠的姿态，舒适度大大增加，极受欢迎。

总之，三国两晋南北朝时期的家具是从低矮型向高型发展的过渡时期，为隋唐时期家具的鼎盛发展奠定了基础。

26

染潢：书籍防蛀的技术

小朋友们，你们肯定参观过博物馆吧！当看到那些流传了千年的书籍、字帖、书画时，是不是觉得很惊奇？

"历经千年，怎么还能保存得这么好呢？"

这是因为，古人已经掌握了一种纸张的保护技术——染潢，这种技术在魏晋南北朝时期非常流行。

染潢的原料是黄柏树的皮。黄柏树是一种落叶乔木，树皮颜色呈黑灰色或灰褐色，把树皮剥开，里面的内皮呈鲜黄色或金黄色，这也是经过染潢的纸张会发黄的原因。

除了能驱虫，黄柏皮还是一种清热燥湿的常用中药材，同时也是一种黄色染料，古代常用它来装饰皇宫，以此来彰显皇帝的尊贵。

有了原料，那怎么进行染潢呢？北朝时期著名的农学家贾思勰在《齐民要术》一书中对此有详细的记载。

1. 把黄柏皮放入水中充分浸泡。

2. 过滤后，把黄柏皮沥出来捣碎。

3. 把捣碎的黄柏皮放入锅里煮。

4. 煮好后装入布袋，用力挤压出汁来。

5. 压完后再捣碎，再煮，共要捣三次煮三次，把每次压出的汁液混合在一起。

6. 把白纸放入黄柏汁中浸染，染得不见白底后拿出晾干，再进行书写。

7. 也可先在白纸上书写好，放置一夏季后再放入黄柏汁中浸泡。经染潢处理后的纸呈淡黄色，既有书香之气，又能延长使用寿命。

27

胭脂制作工艺成熟

胭脂，就是现在的腮红，自古以来就是一种十分受女性喜爱的化妆用品。它最早来自匈奴境内焉支山上的燕支花（即红蓝花，又称"红花"），匈奴女子喜欢用燕支花的汁来敷面，可以使皮肤显得红润、娇艳，这就是"胭脂"的前身——燕支。

采摘燕支花。

用燕支花汁敷面，敷后面色红润。

秦汉时期，燕支传入中原地区，并作为妆粉的配套化妆品迅速流行。因为胭脂是红色的，所以抹胭脂又称"施朱"。从此，敷粉、施朱成为古代女子最常用的妆饰手段，开启了中国女子的彩妆时代。

魏晋以后，红蓝花被广泛种植，胭脂制作工艺也已相当成熟，相比现在毫不逊色，并且天然环保。

1. 红蓝花（含有红、黄两种色素），花开之时整朵摘下。

2. 放在石钵中反复用杵捣。

3. 过滤花汁，把黄汁倒掉，留下鲜艳的红色染料。

将红色染料悬挂沥水，然后再将其制成各种各样的形状。

以丝绵蘸红色染料，阴干，名为"绵燕支"。

加工成小而薄的花片，阴干后即为"金花燕支"。

加入牛髓、猪胰等物，使其成为一种稠密、润滑的脂膏状胭脂。

从此，燕支被写成"胭脂"，"脂"字也有了真正的意义。胭脂的制作成功为魏晋南北朝时期的妆饰创造了条件，加之当时的女子注重展现自我、标新立异，由此孕育出了丰富多彩的妆饰文化。

1. 桃花妆：先在脸上敷粉，再将胭脂放在手心调匀，在两颊上适量涂抹，颜色浅，呈淡红色。

2. 酒晕妆：先敷粉，再在两颊上抹上颜色很浓的胭脂。

3. 飞霞妆：先在脸上抹一层薄薄的胭脂，再盖上一层白粉，使面色白里透红。

4. 晓霞妆：先在两颊或眉眼等处抹上胭脂，然后在太阳穴处用胭脂画上月牙状的图案，类似伤疤。

5. 面靥妆：用胭脂在酒窝处点上圆点做妆饰。

6. 啼妆：以白粉敷底，再用油膏在眼下点妆，如一滴泪痕，形成令人怜悯的效果，是一种夸张的妆饰。

· 写给小学生的科学知识系列 ·

历史这么有趣

科技与文明

尹　硕◎编著

吉林科学技术出版社

图书在版编目（CIP）数据

历史这么有趣 / 尹硕编著 . -- 长春 : 吉林科学技
术出版社，2024.2
（写给小学生的科学知识系列）
ISBN 978-7-5744-0605-6

I.①历… II.①尹… III.①科学技术—技术史—中
国—少儿读物 IV.① N092-49

中国国家版本馆 CIP 数据核字（2023）第 130193 号

写给小学生的科学知识系列

历史这么有趣

LISHI ZHEME YOUQU

编　　著　尹　硕
出 版 人　宛　霞
责任编辑　周　禹
助理编辑　宿迪超　郭劲松　徐海韬
封面设计　长春美印图文设计有限公司
美术设计　李　涛
制　　版　上品励合（北京）文化传播有限公司
幅面尺寸　170 mm × 240 mm
开　　本　16
字　　数　150 千字
印　　张　12
页　　数　192
印　　数　1-6000 册
版　　次　2024 年 2 月第 1 版
印　　次　2024 年 2 月第 1 次印刷

出　　版　吉林科学技术出版社
发　　行　吉林科学技术出版社
社　　址　长春市福祉大路 5788 号出版大厦 A 座
邮　　编　130118
发行部电话 / 传真　0431-81629529　81629530　81629531
　　　　　　　　　　81629532　81629533　81629534
储运部电话　0431-86059116
编辑部电话　0431-81629378
印　　刷　长春百花彩印有限公司

书　　号　ISBN 978-7-5744-0605-6
定　　价　90.00 元（全 3 册）

目　录

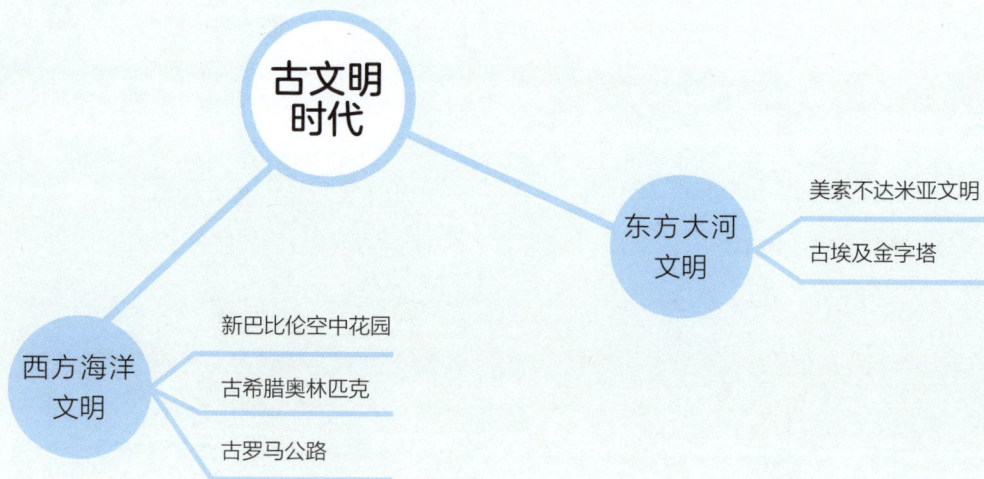

古文明
时代

东方大河
文明

美索不达米亚文明

古埃及金字塔

西方海洋
文明

新巴比伦空中花园

古希腊奥林匹克

古罗马公路

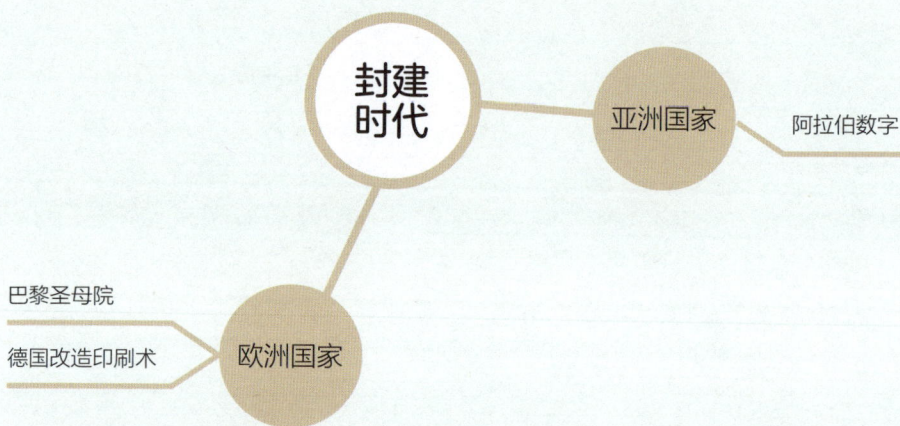

封建
时代

亚洲国家

阿拉伯数字

巴黎圣母院

德国改造印刷术

欧洲国家

走向
近代

印度商船

火枪

望远镜

避雷针

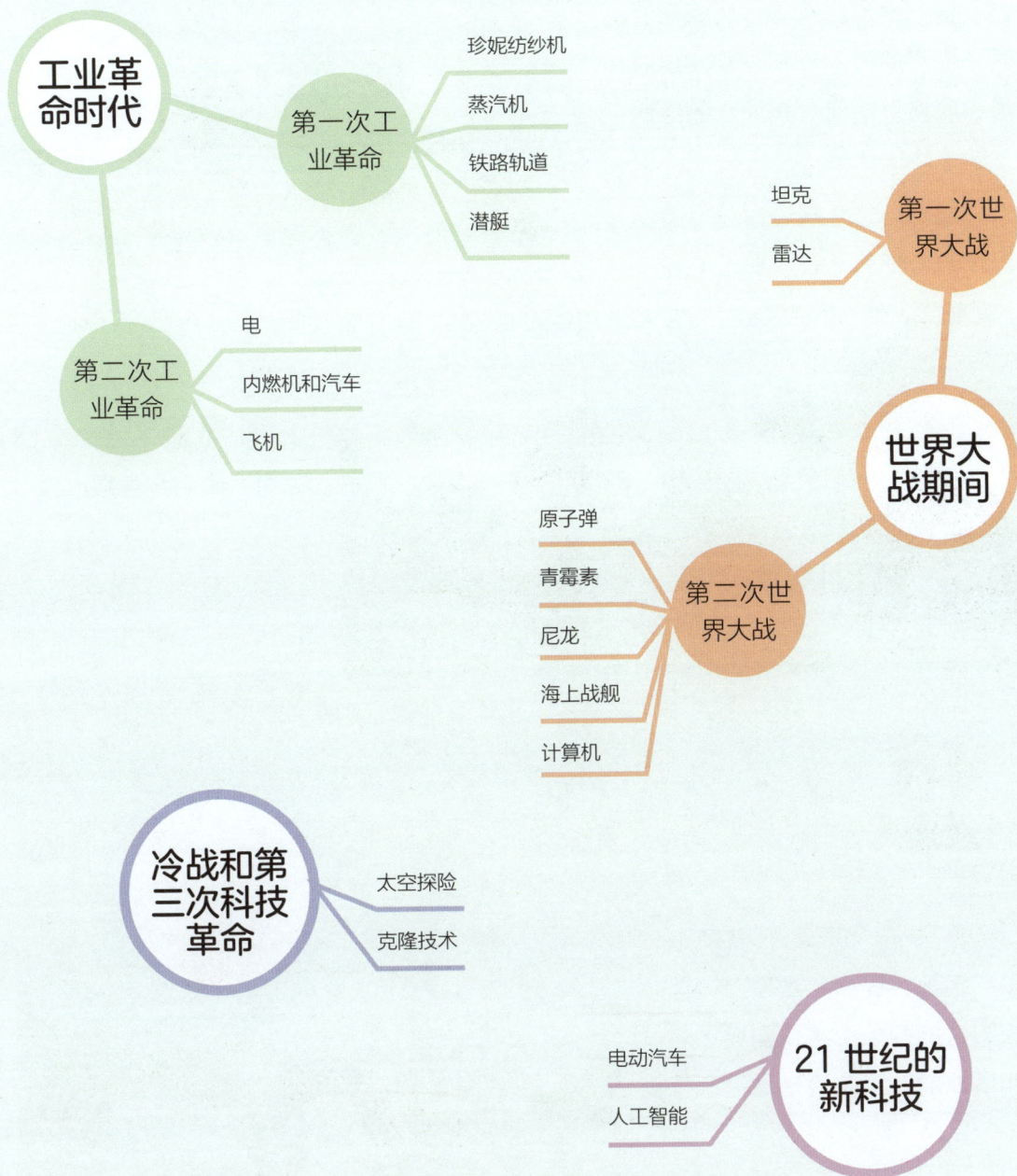

工业革命时代

第一次工业革命
- 珍妮纺纱机
- 蒸汽机
- 铁路轨道
- 潜艇

第二次工业革命
- 电
- 内燃机和汽车
- 飞机

第一次世界大战
- 坦克
- 雷达

世界大战期间

第二次世界大战
- 原子弹
- 青霉素
- 尼龙
- 海上战舰
- 计算机

冷战和第三次科技革命
- 太空探险
- 克隆技术

21 世纪的新科技
- 电动汽车
- 人工智能

01

人类文明的火种：美索不达米亚

公元前 5000 年左右，在气候干旱、沙漠广布的西亚流淌着两条宝贵的河，分别是幼发拉底河和底格里斯河。在河水的滋润下，一块肥沃的土地——"美索不达米亚"孕育而出，这里是人类文明火种被点燃的地方。

我回来了！

在大约公元前 4500 年，苏美尔人来到这里定居，他们将这片家园称为"文明君主之地"。

原始社会早期人类主要靠打猎、采果子为生，整天漂泊在外，经常吃不饱肚子。苏美尔人发明了一种全新的农业生产方式——灌溉。

苏美尔人修建了很多水渠、运河、堤坝、水库……把家附近的两条大河，变成了随用随取的"水龙头"。

水来啦！

有了稳定的水源，他们开始种植大麦、小麦等农作物。周围沙漠多，树木少，他们只能用泥土筑造土屋，这个土屋经过 3~5 年的风吹雨打就得推倒、重建。

吃、住问题解决了，苏美尔人开始发明创造了，锄头、犁、轮子、袋子、锯子、钉子、铲子、叉子……就是他们发明和改良出来的。

猜猜我们都是什么工具？

苏美尔人还开始圈养牛、羊、猪、驴等牲畜，并用牛代替人耕地。

这锅汤真香！

他们还学会了使用火，用捕捞上来的鱼煮汤喝，甚至学会了酿酒。

苏美尔人还发明了世界上最古老的文字——楔（xiē）形文字。它其实就是一种象形文字，主要被刻在泥板或石碑上。令人叹为观止的是，他们还把太阳系中的金星、木星、水星、火星、土星五大行星的运行情况观测了出来，并用楔形文字记录了下来。

小朋友，查一查资料，知道苏美尔人还用楔形文字记录了什么吗？

【答案】诗歌、神话、图书、法律条文、税收收据等。

苏美尔人最终并没有建立一个大一统的王国，只是建立了众多独立城市。一座城市就是一个城邦，每个城邦都有自己的最高统治者——"祭司"。

02

神秘的金字塔

金字塔、木乃伊、狮身人面像、法老的黄金面具……古埃及就是一个神秘的结合体，充满了诸多不可思议的"未解之谜"。

几千年前，古埃及人的祖先来到尼罗河沿岸定居。他们在靠近水源处搭建房屋、种植农田、圈养牲畜……日子过得特别舒坦。

古埃及尚未统一时，部落和小王国众多，信奉的神明也很多。直到公元前3100年左右，一个名叫美尼斯的人横空出世，统一了古埃及，成为古埃及第一任国王，也就是我们熟知的"法老"。

我就是神！哈哈哈！

法老甚至宣称自己是神，要求人们崇拜他。一个叫作左赛尔的法老更是突发奇想，给自己修建了一座巨型坟墓，也就是世界上第一座金字塔。

奢靡的风气一发不可收拾，法老们为了证明自己更优秀，纷纷修建大型金字塔。

我的金字塔才是最大的！

胡夫金字塔由约230万块巨石建成，总重量约为684万吨，原高有146米。在法国埃菲尔铁塔建成之前，胡夫金字塔一直是地球上最高的建筑。修建规模如此宏大的建筑，必然要耗费大量的人力、物力。

胡夫金字塔上每一块巨石的高度都比人还高，巨石的平均重量为 2.5 吨，最大的一块甚至达到了 160 吨。据说，几十万个苦工和奴隶，花费数十年的时间，借助工具把巨石一层一层地送往高处，再将巨石一点一点地垒起来，金字塔才得以建成。

其实，金字塔建成之初，塔身呈白色，顶部才是金色的。但是你知道吗？金字塔塔身可不是普通的白色，而是会"发光"的白色。这样闪闪发光的白色塔身，实际上是被打磨得非常光滑的白色石灰岩。

03 架在空中的一座花园

幼发拉底河流域的新巴比伦的都城，也就是现在中东地区的伊拉克，有一座美丽的花园。这座花园不是建造在地面上，而且建造在距离地面 25 米的梯形高台上，被称为"空中花园"。

据说，公元前 604 年至公元前 562 年，新巴比伦国王尼布甲尼撒二世为了安慰思乡心切的王妃安美依迪丝，依据她的故居建造了一座花园。

建造花园的那个高台分好多层，每层都用大石柱支撑，层层盖有殿阁。为防止渗水，每层都铺上浸透柏油的柳条垫，再铺两层砖，浇注一层铅，然后在上面铺上肥沃的土壤。

城的正门是伊丝塔尔门，高 12 米，双重，是为献给女神伊丝塔尔而建的。进正门是南北向的游行大街，街道以石或砖铺筑。伊丝塔尔门和大街两侧均装饰有彩釉动物浮雕，动物横向排列。

每一层都种植了柏树和散发芳香的植物，能避免阳光的强烈照射。

为了让这些植物存活，工匠们将幼发拉底河的水抽上去，并通过密集的管道，把水分配到每一层台上。

在园中还开辟了幽静的山间小道，小道旁是潺潺流水。工匠们还在花园中央修建了一座城楼，矗立在空中。

令人遗憾的是，"空中花园"和巴比伦文明其他的著名建筑一样，早已湮没在滚滚黄沙之中。

从古希腊走来的奥林匹克运动会

爱琴海上岛屿众多且分散，希腊人各自占岛为王，建立了许多城邦，其中雅典和斯巴达属于强者。在它们的带领下，希腊成为地中海一霸。

当各大城邦忙着抢占地盘时，希腊人也不忘举办内部活动。公元前776年，各城邦在奥林匹亚举办了第一届奥林匹克运动会。此后，奥林匹克运动会一直传承至今。

公元前500年到公元前400年是城邦文明的发展黄金期，也是古代奥林匹克的鼎盛时期，内容、形式、规模均达到顶级赛事水平。

1. 从比赛项目来看，第一届奥林匹克运动会仅一个项目，后来逐渐增多，至公元前5世纪已基本定型，有赛跑、五项全能、拳击、摔跤、混斗、战车比赛、赛马等。

2. 从比赛场面而言，不仅参赛选手增多，而且观众也纷纷从希腊各地向雅典的奥林匹亚涌去。

古代奥运会是宗教节日的一部分，而现代奥运会则是一个体育庆典。现代奥运会沿用了"奥林匹克运动会"的名称，继承了每四年一个周期的传统，借用和发展了其中一些仪式。

3. 比赛规则不断完善，形成固定模式，赛前选手艰苦训练、资格审查、神圣宣誓，赛程中裁判严格裁决、观众监督，并设具体惩罚措施。

4. 场地设备也一应俱全。

05 通向古罗马的 "第一条大路"

公路能把我们送到想去的任何一个地方。你知道最早的公路是在什么时候出现的吗？第一条长达 80 000 千米的公路是由古罗马人修建的。

1. 人们最早用担架拉着货物在泥泞的小路上行走。

2. 公元前 500 多年，第一条人工铺成的路面出现。在这条路上行驶的车辆是牛车，车轮是木制的。

古罗马以地中海为中心，横跨亚洲、欧洲、非洲，是一个庞大且强盛一时的帝国。为了把军队和装备迅速地运送到帝国各处，古罗马人需要高质量的道路。

与那些乡村和山脉之间延伸的小路不同，罗马人修建的道路都是笔直的，路面上铺着平整的石块。

马路的中间比两边高，马路上的雨水可以流入两侧的排水沟。

一些古罗马的马路，比如意大利的亚壁古道，至今仍在使用。

3. 19 世纪 20 年代到 50 年代是公共马车的黄金时期，那时的公路是用碎石铺成的。这样的公路上，邮政马车、出租马车、马拉公交车和轻便的双轮马车熙熙攘攘。

4. 公元前 300 多年，古罗马修建了一条用平整的石块铺设的马路，体育比赛时人们会在这条路上行进。

5. 罗马帝国衰落后，横贯欧洲的这些道路得不到修缮，人们又开始靠轿子、马背或双脚，沿着有车辙的泥泞道路前行。货物更是用马驮着，运到市场上，不是很方便。

6. 当橡胶轮胎出现后，人们又在沙砾中混入了沥青，建成了沥青碎石路面，又名柏油路。

7. 到了 20 世纪，路面上的鹅卵石被沥青取代，马车让位于自行车、汽车。

8. 在今天的公路上，还多出了很多货车。公路货运比海运和铁路运输发达很多。

小知识

碎石路面是英国工程师约翰·麦克亚发明的，他在石头路基上，依次铺上一层小石头、沙子和沙砾。

17

06

阿拉伯数字的由来

印度作为文明古国之一的国家，在很久以前，为了城市建设和祭祀等需求，发明了数学计算方法，十进位的计算制也是从印度开始的哦！

到了公元 3 世纪，印度终于出现了整套的数字，它的特点是从 1 到 9 每个数字都有专门的符号。0 这个数字则是到了公元 4 世纪才出现的，只是当时 0 的符号只是实心小圆点。

阿拉伯帝国不断扩张，也广泛吸取了古希腊、古罗马、古印度等国的先进文化，翻译了这些国家大量的科学著作。

他们的文化有点意思！

阿拉伯人被印度数字所吸引，放弃他们原来作为计算符号的 28 个字母，并对印度数字加以完善，使之更便于书写。

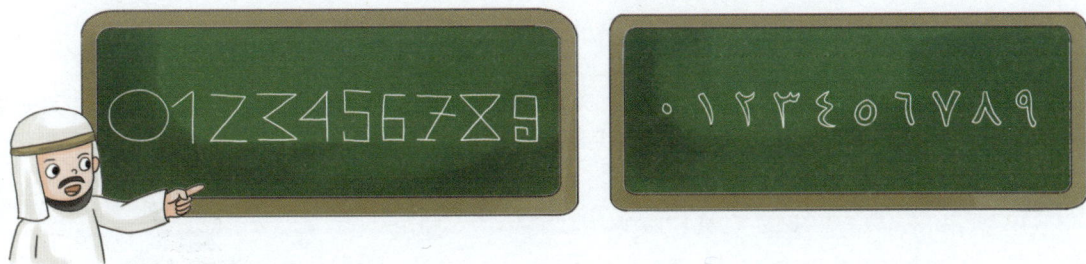

阿拉伯人很快就把印度数字传到了欧洲，加上到了 14 世纪，中国印刷术又传到欧洲，加速了印度数字在欧洲的推广和应用，让这些数字轰动了世界。

阿拉伯数字虽然起源于印度，但却是经由阿拉伯人传向四方的，这就是后来人们误解阿拉伯数字是阿拉伯人发明的原因。印度发明的数字也因此被后世普遍称为"阿拉伯数字"。

07

巴黎的哥特式宗教建筑

你读过法国文学家维克多·雨果的名作《巴黎圣母院》吗？就算没有这部巨作的加持，这座建筑在欧洲历史上，所占据的地位也是无可比拟的。

巴黎圣母院，是一本书，也是一座建筑。

巴黎圣母院位于法国首都巴黎的中心地区，地处塞纳河中央西岱岛上，是世界上第一座完全意义上的哥特式教堂。

都说巴黎圣母院哥特式风格鲜明，那么到底什么是哥特式建筑呢？哥特式建筑是一种兴盛于中世纪高峰与末期的建筑风格，发源于 12 世纪的法国，持续至 16 世纪。

巴黎圣母院尖塔高耸，它的尖塔位于中殿上方的十字交叉处。巴黎圣母院尖塔四方环绕着 12 门徒和 4 位青铜塑像。

巴黎圣母院的拱门也是尖形的，正门也不例外，而且中间为"最后审判"之门。尖拱门被装饰得层层叠叠的，丰富多彩。一条条曲线上分布着密密麻麻的小雕塑。

到了巴黎圣母院内部，高卢人在古罗马穹顶建筑的基础上，创造出更多轻巧的肋架拱，解决了石质建筑顶部太重的问题，使建筑可以建得更高，而且因为墙壁的承重压力减轻，可以大量使用窗户。

肋架拱比罗马式的圆拱更轻巧、高挑，早期的肋架拱几乎都是四分的，渐渐地发展出六分拱。

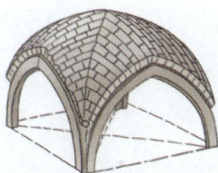

"×"交叉出四分拱，中间的隔断是一个尖拱。

六分拱可以让重力被更多的肋架分担。

巴黎圣母院教堂大殿实在太高了，很容易导致四壁不稳，于是为了给承重墙分担压力，飞扶壁被设计出来。

哥特式教堂的一个典型特征就是花窗，运用花格窗和彩色玻璃镶嵌画代替墙壁。巴黎圣母院北侧的玫瑰窗花最为著名，多为超越自然物象的浓艳色彩，比如宝石蓝、宝石红、翠绿、紫罗兰、明黄等。

08

改造"印刷术"

尽管印刷术是中国人发明的，但考虑到还需要印刷字画，而且手工印刷的效率实在太低，于是人们想到了机械印刷。

木刻版印刷术

1450 年，德国的约翰·谷登堡使用铅字和印刷机进行了印刷。他改进了榨取葡萄液所使用的小型挤压机，作为印刷机而使用，印刷了"四十二行拉丁文圣书"。

他的印刷机是通过螺纹和杠杆来操纵的，但是，这些都是木制的。在螺纹的中间有孔，杠杆插在孔中。当通过螺纹和杠杆转动时，螺纹的下部就压到板上，向上施压，就可以印刷了。

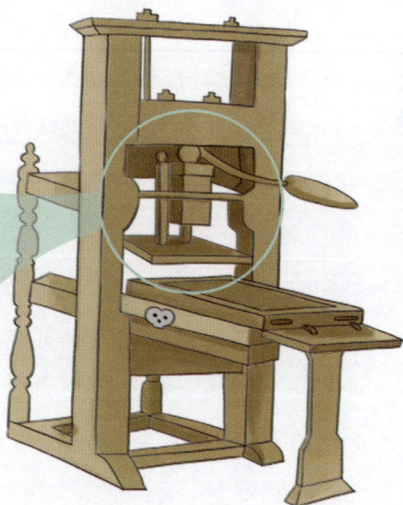

螺纹

杠杆

约翰·谷登堡将整个印刷分为排版和印刷两部分。排版时，他使用字模以及铅、锡、锑来铸造金属活字。

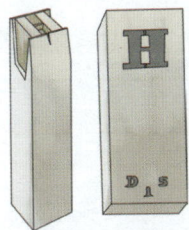

1. 制作钢制冲头。

2. 用冲头压铜制字模。

3. 用排列好的字模铸造金属字体。

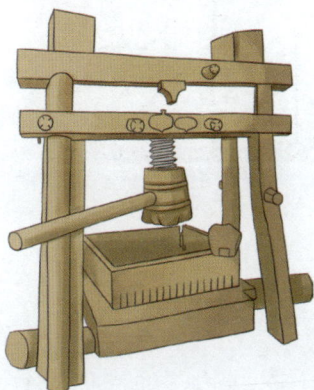

印刷时，他改进了螺旋压力机的结构，用长手柄转动沉重的木螺钉，对纸施加向下的压力，该纸放在木压板上，使压板在纸张上施加的压力既均匀又有弹性。

很快，谷登堡的印刷机被广泛使用。而且，很多人对此进行了改进。

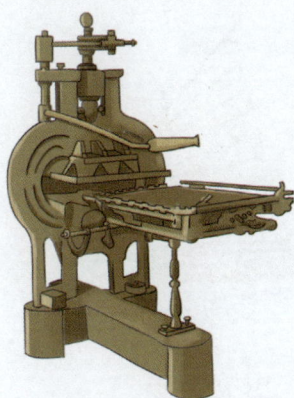

进入 19 世纪不久，英国的查尔斯·斯坦霍普制作了全金属制的印刷机。

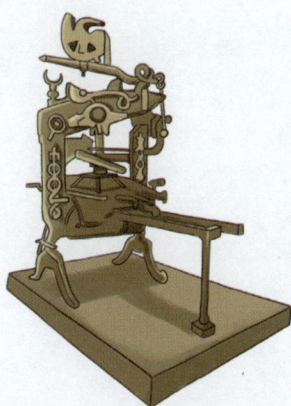

1813 年，美国的乔治·格拉玛制造了铁制印刷机。

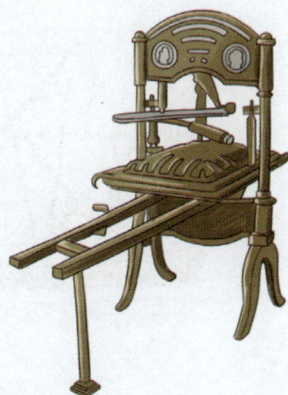

1829 年，美国的萨缪埃尔·露斯特应用连杆机构完善了印刷机。

09

印度商船起航啦

战争和贸易是推动帆船发展的主要力量。帆早在 5000 多年前就已经被挂在尼罗河上的单桅帆船上了。从此，商船和战船一直依靠帆来航行。

◎ 【帆船的古往今来】

小木船

因为贸易和战争的需要，结实的木船被北欧人开发出来。

大型横帆船

英国和西班牙的舰队使用大型横帆船，主要把黄金和抢来的物品运到欧洲。

三桅帆船

三桅帆船后面的桅杆用了纵向帆，前面的桅杆和主要桅杆上仍然是横帆。

独桅帆船

最早由阿拉伯人发明，直到今天仍被用来捕鱼和沿海贸易。船帆的组装方式被称为三角帆。

中国舢板

舢板在我国和远东各国使用了几百年。它们是平底的，没有甲板，大型的舢船安装着纵向的船帆。

◎ 【典型的东印度商船】

　　大约从 17 世纪到 19 世纪，雄伟的东印度商船在海上进行贸易。它们大多用橡木和柚木建造，都归英国、法国和荷兰的"东印度公司"所有。

主桅：最高、最坚固的桅杆，位于船的中部。

前桅：靠近船首的桅杆，和主桅杆一样，也采用横向帆，被挂在水平杆上。

后桅：船只后部的桅杆，同时装有横帆和纵帆。

船首斜桅：突出在船首，主要用来安装三角帆。

后桅纵帆：天气不好时，可以只依靠后桅纵帆和船首三角帆航行。

船尾气窗：风平浪静时，可以从窗户探出身钓鱼。

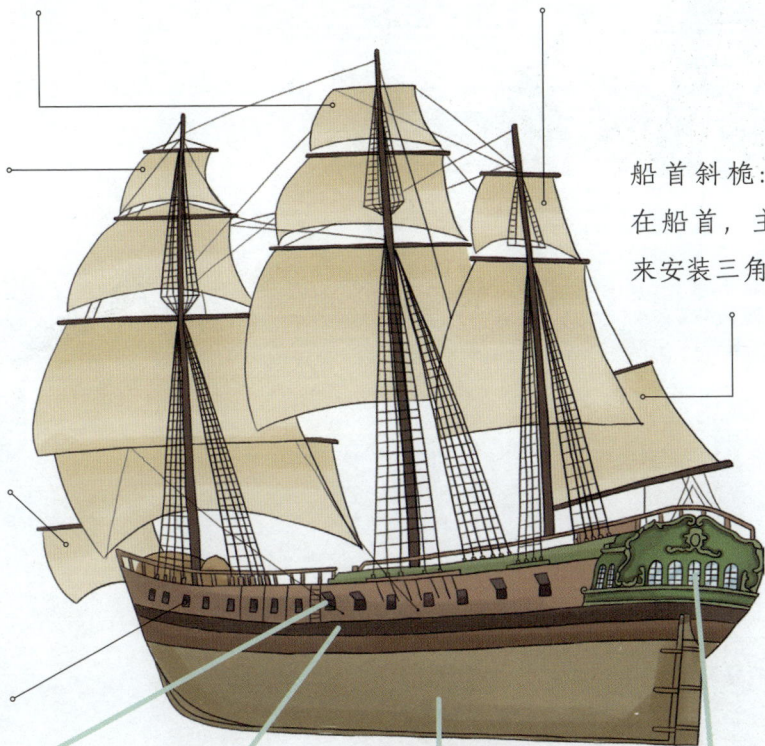

船的上层安装有火炮，需要带上几名士兵。

船的中层设有工匠的工作间、饲养家畜的地方。

船的下层主要是储存货物的地方。

船长和贵宾会待在一个露天的小舱室里。

10 看欧洲人的火枪

火药和火器都不是培根发明的，但是培根确实是第一位记录火药配方的西方人，也正是因为他的记录才会使火药配方传遍整个欧洲。

记录火药配方第一人！

欧洲早期的火枪是火门枪。火门枪，也叫"手炮"。它有一个铸铜或熟铁制造的发射管（即枪管），发射管的下端有一个火门，用来点燃火药，发射管尾端接一根称之为"舵杆"的木棍或长矛，木棍或长矛便于射手握持、瞄准和控制。

在 14—15 世纪的许多欧洲战争和军队中，火门枪开始大量普及。制作一门火门枪非常简单，许多铁匠稍加熟悉即可制作，从西欧的英格兰到东欧的波兰，随处都能见到火门枪的身影。

15 世纪早期，为了单人能方便地使用枪，一位英国人发明了一种新的点火装置，用一根可以燃烧的"绳"代替红热的金属丝，并设计了击发机构，这就是在欧洲流行了约一个世纪的火绳枪。

小知识

最早的火绳枪是 15 世纪初出现的蛇杆装置，依靠一根安装在枪托上的 S 形活动金属杆，夹持火绳点火。之后的几十年，火绳枪越来越完善，被加装了扳机、簧片等部件。

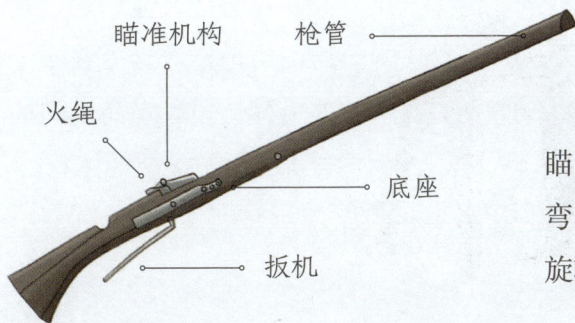

瞄准机构　　枪管

火绳

底座

扳机

火绳枪的结构包括木质的底座、枪管、瞄准机构、扳机和火绳。枪上有一个金属弯钩，弯钩的一端固定在枪上，并可绕轴旋转，另一端夹持着一根用于燃烧的火绳。

欧洲早期的火绳枪的枪管外形多为八棱形，能够更好地固定安装枪管。

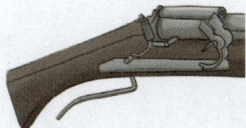

枪管尾部有一个引火门，用于引燃击发药。枪管的口径大多数为 30 毫米左右。

枪管后端有一个火药盘，发射时通过火药盘引火点燃枪管内的火药进行击发。

火绳是一根麻绳或捻紧的布条，放在硝酸钾或其他盐类溶液中浸泡后晾干，能缓慢燃烧。

11 望远镜

望远镜就像通向宇宙的窗口，是一种利用透镜或反射镜以及其他光学器件观测遥远物体的光学仪器。1608年，荷兰的一位眼镜商汉斯·利伯制造了人类历史上的第一架望远镜。

制造望远镜第一人。

有一次，两个小孩在汉斯·利伯的商店门前玩弄几片透镜，他们通过前后两块透镜看远处教堂上的风标，两人兴高采烈的样子吸引了汉斯的注意。

汉斯·利伯拿起两片透镜一看，远处的风标被放大了许多。他跑回商店，把两块透镜装在一个圆筒里，经过多次尝试，终于发明了望远镜。

意大利科学家伽利略得知这个消息之后，于1609年发明了世界上第一架天文望远镜。伽里略用自制的望远镜发现了月球上的山脉、陨石坑，还发现了土星环、太阳黑子和木星的4颗卫星。

仔细看伽利略制造出来的望远镜，镜筒前头那块玻璃透镜被称为物镜，当光线照射，再被折射，并集中于一个点上，这个点就是焦点。在镜筒的另一端，透镜的口径比较小，叫作目镜。

来自远处物体的影像就在目镜中被放大，方便人们观测，物镜和焦点之间的距离就叫作焦距。而望远镜的放大倍数，一般都是由望远镜的物镜焦距与目镜的焦距之比决定的。

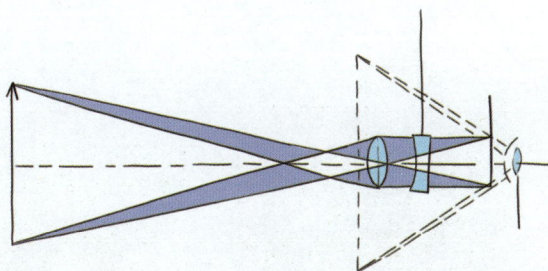

在伽利略之后，更加精密的天文研究仪器也被制造出来。18世纪中叶到19世纪中叶，小望远镜被发明并开始流行，外观十分漂亮。

19世纪，无论是在室外的赛马场或庄园，还是在室内的歌剧院，都可以看到欧洲贵族手举望远镜，观看优美的风景或精彩的演出，他们所使用的便是歌剧望远镜。

避雷针

避雷针的出现，大大提高了人们在雷雨天的安全系数，此外，还减少了电器在雷雨天中遇到的损害。那么，第一个避雷针是谁发明的呢？

美国的科学家富兰克林，为了证明闪电是一种放电现象，于1752年7月的一个雷雨天，冒着被雷击的危险，将一个系着长金属导线的风筝放飞进雷雨云中，并在金属线末端拴了一串银钥匙。

这时，他突然发现线的尾端耸立起来，他立刻伸手去碰钥匙，受到强烈电震。富兰克林由此得出云中充满了电的结论。

这是很危险的，千万不要擅自尝试。1753年，俄国著名电学家利赫曼为了验证富兰克林的实验，不幸被雷电击死，他是做雷电实验的第一个牺牲者。

富兰克林由此设想，若能在高物上安置一种尖端装置，就有可能把雷电引入地下。他把一根数米长的细铁棒固定在高大建筑物的顶端，在铁棒与建筑物之间用绝缘体隔开。然后用一根导线与铁棒底端连接，再将导线引入地下。这种避雷装置就是避雷针。

13 珍妮纺纱机

18世纪60年代，英国掀起了一场声势浩大的工业技术革命，机器生产逐渐代替了手工劳动。揭开工业革命序章的便是珍妮纺纱机的问世。

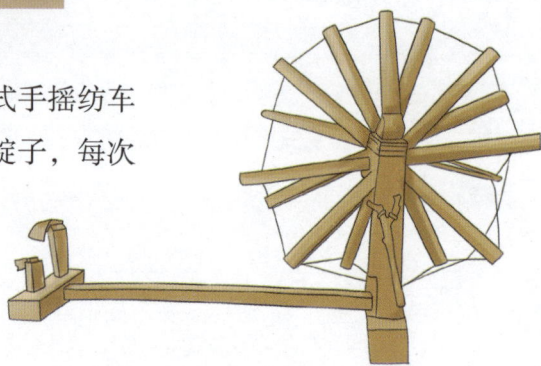

在珍妮纺纱机发明之前，纺纱是用旧式手摇纺车进行的。每人操作的手摇纺车，只有一个锭子，每次只能纺出一根纱线，效率很低。

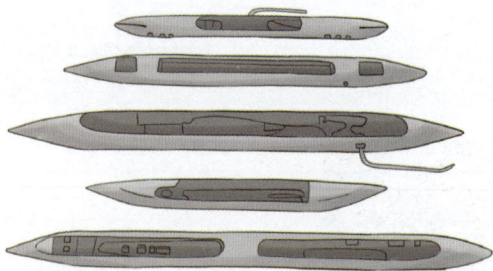

1733年，英国机械工匠约翰·凯伊发明了"飞梭"。装上这种飞梭的织布机，不仅能织出更宽的布匹，而且使织布效率提高了两倍。

于是，棉纱供不应求，出现了极其严重的纱荒情况。据说，曼彻斯特有一个织布工人，每天要步行五六千米，从五六个纺纱工那里收集棉纱，才能供给自己一天内的织布之用。

走那么远，只能收集到这么点儿棉纱。

1764 年左右，来自英国的织布工人詹姆斯·哈格里夫斯见到他的女儿珍妮敲打纺纱的轮子，注意到该轮保持水平位置转动，于是发明了"珍妮纺纱机"——一种手摇纺纱机。

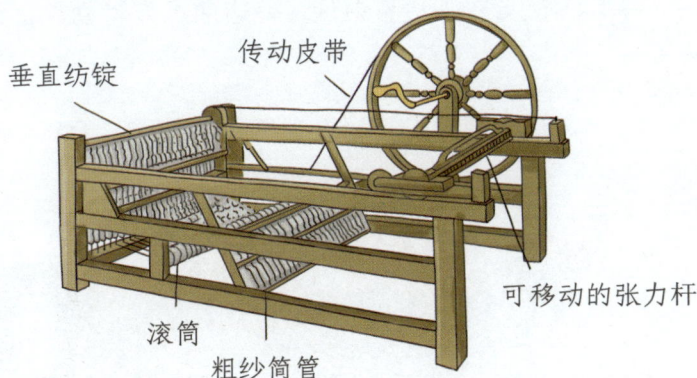

垂直纺锭

传动皮带

可移动的张力杆

滚筒

粗纱筒管

珍妮纺纱机，实际上就是将一个锭子变成了 8~18 个锭子，拉起走车上的压板使粗纱进一小段料。而且这些锭子并不走动，只是做着牵伸，使得粗纱的控制机构往返移动，逐渐将粗纱纺成细纱，使纺纱工人的劳动生产率大大提高。

纺纱工人把杆向后移动，抽出粗纱，横条挤拢把带子夹紧，杆向后移，转动轮子，轮子转动锭子。

底部安上若干个绕满粗纱的线轴，框架上有很多锭子。

在两个横条之间通过的锭子形成一根杆，杆前后移动。

待绞合到一定程度，杆向前移动，锭子转动，把纱线绕上。

每一个线轴都用带子连在一个锭子上。

1768 年，卡特赖特发明了水力织布机，使织布效率提高了四十倍。到 1800 年，英国的纺织业普遍实现了机械化。

14 蒸汽机

呜呜呜……一列蒸汽火车一边冒白烟，一边向远方行驶。它就是世界上最早的火车——蒸汽火车。

蒸汽火车，是通过蒸汽推动活塞来运行的。1765年，英国的瓦特对蒸汽机进行了改进，使蒸汽机成为了发动机，为蒸汽火车的出现做出了重大贡献。

其实，蒸汽机真正的发明者并不是瓦特。早在公元 1 世纪，古希腊的希罗发明了世界上第一台蒸汽机，能用来推动一个空心小球。

1679 年，法国物理学家丹尼斯·巴本制造了第一台蒸汽机的工作模型。	1712 年，英国工程师托马斯·纽科发明了矿井抽水的蒸汽机。	1776 年，英国发明家瓦特制造出了第一台具有实用价值的蒸汽机。	1825 年，史蒂芬森的旅行者号，是历史上真正有实用价值的蒸汽火车。
1698 年，英国工程师托马斯·塞维利发明出工业用的活塞式蒸汽机。	1769 年，法国陆军工程师古诺制造了第一辆蒸汽机驱动的汽车。	1787 年，美国人约翰·菲奇制造了一艘早期的蒸汽机船。	1825 年，英国人斯瓦底·嘉内制造了蒸汽公共汽车。

蒸汽火车究竟是如何动起来的呢？

1. 在锅炉里，添上煤炭，大火燃烧，将水烧热，变成水蒸气。

2. 水蒸气顺着管道，进入汽缸，然后推动活塞，反复不停地运动。

3. 活塞的另一头连接着车轮。活塞不停歇地运动，使得车轮转起来。

15 铁路轨道像个蜘蛛网

随着第一辆蒸汽机车在铁路轨道上运行，一场欧洲的交通革命就此展开。但你知道吗？从行驶在木质轨道上的马拉车，演变成铁路轨道上的火车，这是一个多么漫长的历程。

早在古希腊时代，科林斯人在石质路面上开凿一对平行的河槽，与车轮等距，是最早的石轨。

16 世纪，欧洲的采矿业兴起，运输量增加，土质路面难以负荷。德国人率先铺设石质路面，使得马拉矿车摆脱了泥泞的土路。但由于施工量太大，后来又改为只在车轮碾过的地方铺设两行石板，便成了石轨。

直至 1660 年，英国纽卡斯尔附近的煤矿处，一匹马正拉着矿车，行驶在一条木制轨道上，解决了施工铺轨道的难题。

木制轨道容易磨损，1763 年，矿主为了解决这一问题，便将一层铁皮钉在木轨上，世界上最早的"铁轨"问世。

但是随着运输量的增加，蒙铁皮的木轨还是不堪重负。1768 年，英国工厂老板达比把生铁浇铸成铁板，铺在工厂的路上，成为板式铁路。1787 年，科尔进一步改制成两根 L 形角铁铁轨卡住车轮，供马拉矿车行驶。

19 世纪初，一个名叫理查德·特里维希克的英国人制造出第一辆蒸汽动力机车，成功地将轨道和蒸汽机结合在一起。

在 1825 年，斯蒂芬森在英格兰开通了第一条公共铁路。5 年后，从利物浦到曼彻斯特的铁路投入使用，被认为是世界上第一条现代铁路。

进入 21 世纪，人们又发明了一种新型火车——磁悬浮列车，它根本不需要轨道，依靠磁场的浮力可以悬浮在空中行驶。

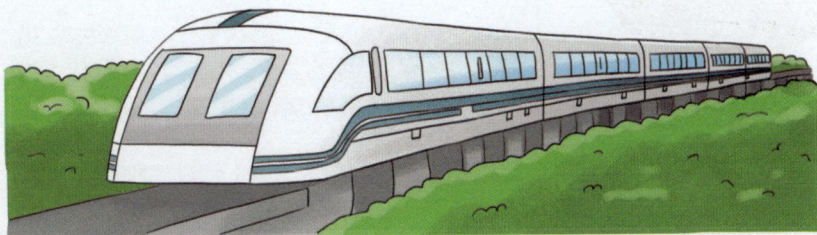

水下进攻战开始啦

潜艇是一种能潜入水下活动和作战的舰艇，也叫潜水艇，是海军作战武器中主要舰种之一。潜艇具有良好的隐蔽性、自给能力、续航能力和较强的突击威力。

在很早以前，人们就已经开始探索能在水下行驶的船只。世界上第一艘潜艇是荷兰著名的物理学家科尼利斯·德雷贝尔于1620—1624年间研制成功并进行试验的。

德雷贝尔在英国制作了一艘木制框架，外包有皮革的小艇，艇外涂油，艇内有羊皮囊，向囊内注水，艇就会下潜，可潜入水下3~5米的深度。

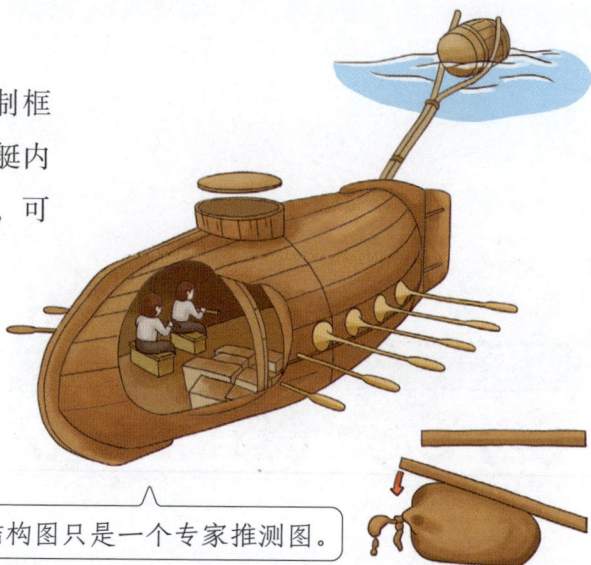

这个结构图只是一个专家推测图。

但是，第一次用于实战的潜艇，其实还是美国人发明的"海龟号"。1776年，美国宣布独立。充满爱国热情的耶鲁大学学生戴维特·布什内尔设计了一艘单人驾驶的"海龟号"木制潜艇，又称为"布什内尔号"潜艇，计划用它去攻击停泊在纽约港外的英国舰队。

"海龟号"潜艇外壳由橡木制成，形似鹅蛋，尖头朝下，艇内仅能容纳一人。

艇仅由一人操作，舱柄较长，使之达到操艇员的手臂范围内。

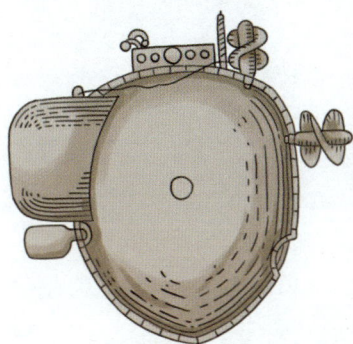

艇上设置压载水舱，用手动泵通过开关可调节进入的压载水量以控制潜艇的潜浮。

艇上还设有水平和垂直两个螺旋推进器，以便艇做水平或垂直运动。

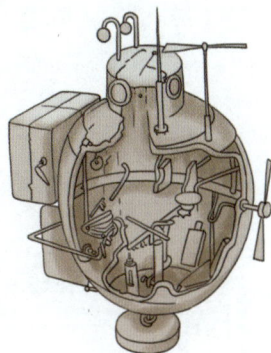

艇上还装有两根通气管，以便换气。

艇背上装有水雷，当潜艇潜至敌舰底部时，驾驶员则将钻头钻入敌舰，然后解开水雷与潜艇的连接，待潜艇远离敌舰后，在定时机构的控制下炸毁敌舰。

艇内有一条罗经，使艇能一直保持正确的航向。

1863 年，法国建造了"潜水员号"潜艇。这艘潜艇以压缩空气瓶内的空气推动活塞式发动机作为动力，这是世界上第一艘机械动力潜艇，不用再凭人力驱动潜艇了。

1881 年，爱尔兰籍美国人约翰·霍兰制造出了一艘装有一台 15 马力（1 马力 = 0.735 千瓦）汽油内燃机的"霍兰–II"型潜艇，这是世界上第一艘内燃机潜艇。

17 电力点亮我们的房子

夜幕降临，是电力点亮了我们的房子和大街小巷，但它究竟是谁发明的，又是谁把电线缠绕在一根铁棒上通上了电？

1831 年，英国科学家法拉第发现了电磁感应现象，提出了发电机的理论基础。

→

1832 年，法国皮克西制造出世界上第一台试验性发电机。

→

19 世纪 70 年代，实际可用的发电机问世。

1882 年，美国科学家爱迪生建立了第一个火力发电站，解决了远距离送电的难题。

←

随后，电灯、电车、电钻、电焊等电气产品如雨后春笋般地涌现出来。

←

这一时期，能把电能转化为机械能的电动机也被发明出来，电力开始用于带动机器。

电力是一种优良价廉的新能源，人类历史从"蒸汽时代"跨入了"电气时代"。

一切要从静电的发现说起！公元前 6 世纪，希腊哲学家泰勒斯发现，琥珀和布料发生摩擦后，可以吸引羽毛和其他轻盈的物体。

直到 16 世纪，英国科学家威廉·吉尔伯特细致地研究了摩擦产生的电荷，并首次把能够产生电荷的力量叫作电。

1672 年，德国工程师奥托·冯·格里克制造了第一台摩擦起电机。通过与布料或实验者的手相互摩擦，机器中旋转的硫磺球可以产生强大的电荷。

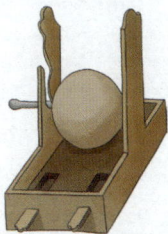

1745 年，德国人克莱斯特发明了早期的蓄电装置，叫作莱顿瓶。电荷进入玻璃瓶中，保存在瓶子的金属内壁上。因为玻璃具有绝缘性，所以电荷不会向外泄漏。

18 世纪，意大利科学家路易吉·伽伐尼偶然间用两种不同的金属同时触碰青蛙的下肢，青蛙的腿竟然抽搐了。

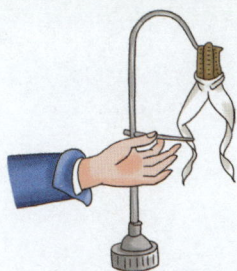

1800 年，意大利的另一位科学家伏特制造出了世界上第一个电池——伏特电堆，它可以通过电线输出稳定的电流。

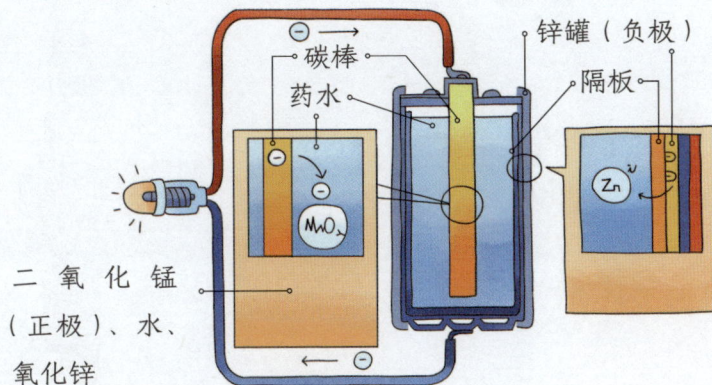

碳棒
药水
锌罐（负极）
隔板
Zn
二氧化锰（正极）、水、氧化锌
MnO₂

18 内燃机和汽车

1885 年，卡尔·本茨推出了一款三轮汽车，两个后轮中间加上一台四冲程汽油发动机，于是世界上第一辆内燃机汽车诞生了。

和蒸汽机一样，汽油发动机也有汽缸和活塞，通过活塞的上下运动来得到动力。有一点不同的是，汽油发动机用的是汽油燃料爆炸时产生的巨大的力。

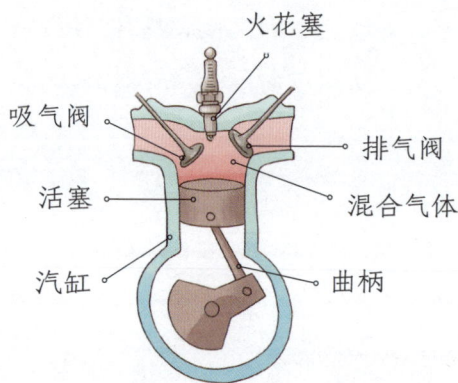

火花塞

吸气阀

排气阀

活塞

混合气体

汽缸

曲柄

当混有燃料的空气送入汽缸，提拉活塞挤压空气。混合气体收到挤压，温度升高，此时使用火花塞点火，汽油就会在汽缸内爆炸，瞬间产生高温、高压的燃气，大力推动活塞。

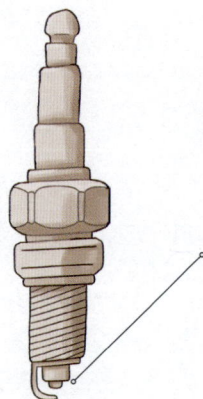

活塞和汽缸所做的上下运动，通过曲柄转化称为旋转运动。

汽油发动机里负责引发爆炸的火花塞。放电产生火花的部位。

【汽油发动机的工作原理】

混合气体

1. 吸气：先关闭排气阀，打开吸气阀，转动曲柄降低活塞，使空气和燃料的混合气体进入汽缸。

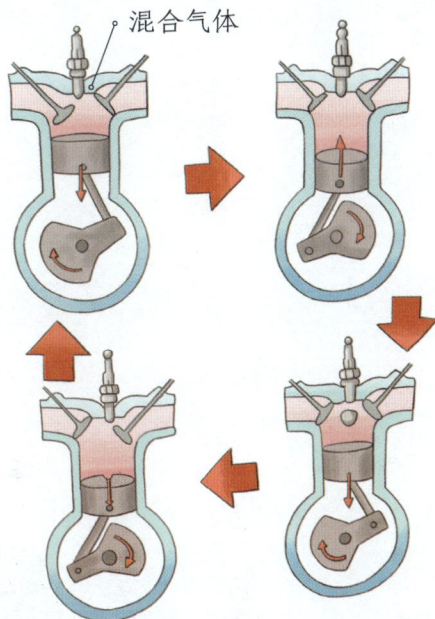

2. 压缩：关闭吸气阀，转动曲柄提拉活塞，压缩混合气体。汽缸内部温度升高。

4. 排气：打开排气阀，转动曲柄，将活塞提拉至顶端，排除燃气。

3. 膨胀：火花塞点火，使混合气体爆炸，迅速膨胀，推动活塞。

像这样不断重复四个过程的发动机，就叫作"四冲程发动机"。

　　1892 年，德国发明家鲁道夫·狄塞尔发明了柴油发动机，它是一种依靠燃烧柴油来获取能量释放的发动机。它和汽油发动机结构上并无区别，只是活塞受到的压强更大，常被用在运输重物的卡车、铁路机车、轮船等上面。

19 天上的交通

人们一直梦想着飞翔，18 世纪，有人用热气球做成了第一个飞行器。1783 年，罗齐尔和达尔朗德登上了蒙格尔费埃热气球，在巴黎上空飘行。

但人类第一次成功驾驶航行器飞行却是在 1852 年，亨利·吉法尔制作了蒸汽动力飞艇。全程大约飞行了 30 千米，最大速度约为 8 千米 / 时。

第一架成功飞行的比空气重的飞行器，是由美国的莱特兄弟发明的，他们第一次完善了双翼滑翔机，又增加了四缸式的汽油活塞发动机，从北卡罗来纳州基蒂霍克附近的斩魔山起飞。

1937 年，德国人已经发明了第一架直升机。它比一般的飞机更灵活，因为它不需要跑道。直升机主要用于军队、警察、海岸警卫队和救援服务，也可以满足民用航空飞行的需求。

1938 年，波音 314 飞机首次试飞。它是当时最大的民用客机。白天可以载客 70 多名，晚上可以载客 40 多名。

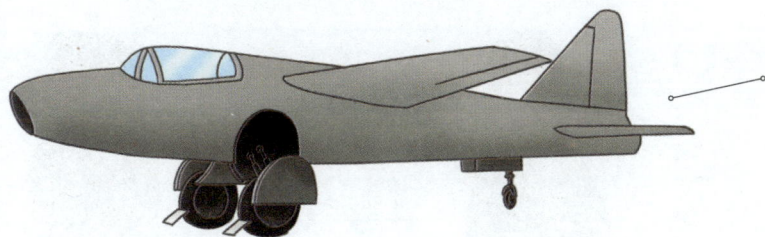

1939 年，世界上第一架单纯依靠涡轮喷气动力来飞行的飞机被德国人发明出来。

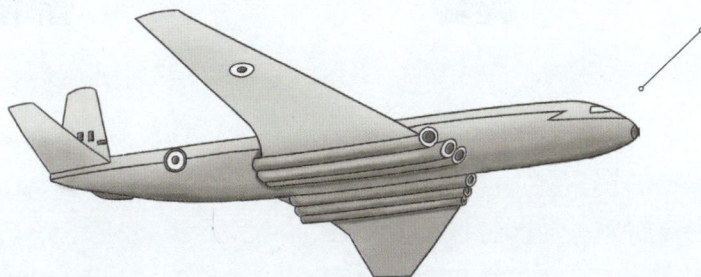

1952 年，第一架喷气式客机研制成功，可以载客 60 人，飞行速度是 800 千米 / 时。

1976 年，由英法两国研制成功的超声速飞机正式投入商业运营，飞行速度超过 2000 千米 / 时，但它的载客量仅有 140 人。

现代客机的标准基本都是大型喷气式，能够载客 400 人，速度大约是 940 千米 / 时，可在 13~14 小时内不间断地飞行。

20 "陆战之王" 的诞生

第一次世界大战期间，德军拥有威力大的重机枪，这给进攻方造成的损失远远超过了防守方，英法联军不敢贸然冲锋，双方陷入了僵持的局面。

如何打破这种僵局？英国人斯文顿突发奇想，尝试研制一种集火力、突破、防护于一体的新式武器，比如在拖拉机上安装火炮，在汽车上安装机枪等。于是，坦克应运而生。

我们德军武器威力巨大！

我们英军还是谨慎点吧！

小知识

1915年9月22日，英国福斯特工厂造出了第一辆钢铁战车，为了保密，英国人给它起了一个带有迷惑性的名字——"TANK"（水柜），音译过来就读成"坦克"。只是这辆钢铁战车的性能并不令人满意。

1916年6月，马克 I 型坦克横空出世。马克 I 型坦克有着菱形的轮廓，重28吨，长9.75米，宽4.12米，油箱容量有210升，两侧安装有旋转炮塔，也可以放置机枪，总共需要8人操作。

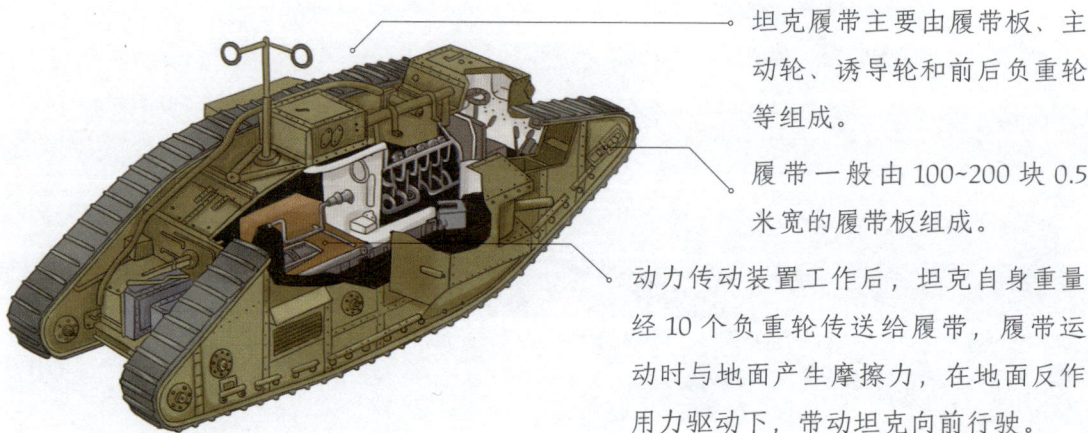

坦克履带主要由履带板、主动轮、诱导轮和前后负重轮等组成。

履带一般由100~200块0.5米宽的履带板组成。

动力传动装置工作后，坦克自身重量经10个负重轮传送给履带，履带运动时与地面产生摩擦力，在地面反作用力驱动下，带动坦克向前行驶。

随后，其他国家也纷纷效仿，都研制出了属于自己的坦克，但那个时候的坦克只是用于掩护步兵突破敌军防线，为步兵提供一定的火力支援，帮助士兵更好地越过战壕、碾压铁丝网、通过障碍等。

1917 年 4 月底，一战德军的 A7V 坦克，采用典型的箱式结构，重 30 吨，长 7.35 米，宽 3.06 米，高 3.35 米。主要武器有 1 门 57 毫米火炮以及 6 挺马克沁重机枪，机枪分布于坦克四周，需要 18 个人来操纵它。

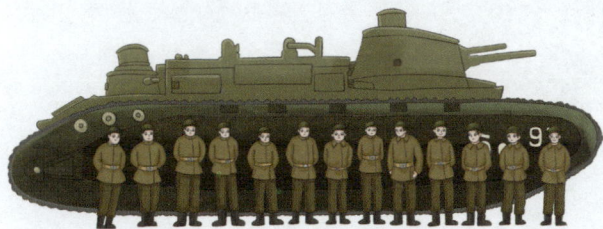

1916 年，法国人着手研制重型坦克，约 70 吨重的 FCM-2C 问世，比马克 Ⅰ 型和 A7V 加起来还要重。全车共有 7 个油箱，最大行程为 150 千米。

霍尔特 G9 坦克，美国研制于第一次世界大战时期，它的前身是霍尔特拖拉机。该坦克有 4 米高，重量只有 10 吨左右。坦克全身布满了射击孔，可以装备机枪和火炮。

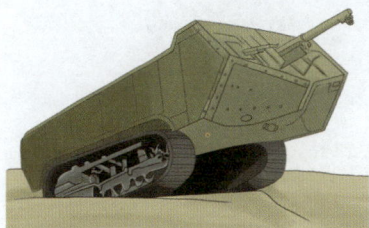

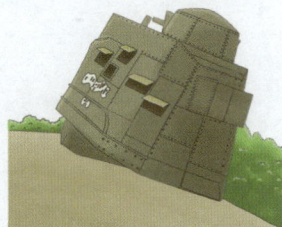

法国的"圣沙蒙"坦克研制于 1916 年，1917 年 4 月投入生产，截至 1918 年 7 月，法国共生产了 400 辆"圣沙蒙"。"圣沙蒙"的主要武器是威力强大的火炮。

21

雷达的前身——听音器

听音器是雷达的前身，是一战时英国为了侦测德国空军而研制的。听音器的出现，使得侦察手段得到了极大的改进，听音器迅速成为战场上必备的利器。

第一次世界大战时，英国在大不列颠岛的海岸线上建立了一系列"大喇叭"。它由钢筋和水泥建构成，直径4~5米，高6~9米。它可以反射声音，如同光线遇到镜子会反射一样，达到传递战机声波的效果。

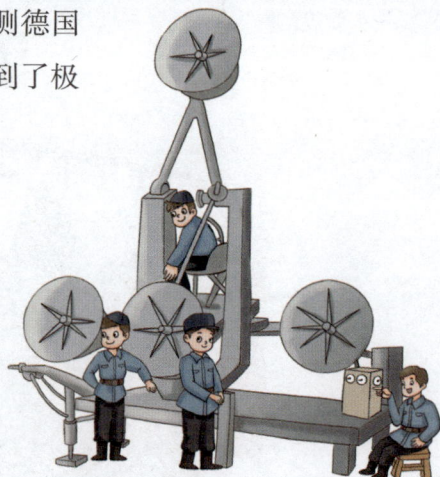

飞机飞行速度加快后，我就没什么用了。

在反射体前方（圆心点）设置了几个放麦克风的位置，当收集多处的反射声音后，通过检视麦克风收到的声音的分贝来辨别敌军方向。

当时英国军方会专门训练专职人员担任通风报信等工作。

其实，人类最初的"高科技"防空探测设备是第一次世界大战中出现的听音器。它们可比上面这个设备小巧多了。

听音器又名防空听音器，就像听诊器一样，利用巨型的喇叭，监听远处飞机飞行时发出的噪声和震动。

一旦有敌机来袭，操纵人员开始调整方向，以确定敌机的规模和袭击方向，并引导战斗机和高炮拦截。

一战时由于飞机速度慢，利用扩音器结构设计出来的声波定位器曾与探照灯组合并广泛用于要地防空警戒，有效距离可以达到 10 千米以上。

22

原子弹

　　1931 年 9 月 18 日，以德国、意大利、日本为首的轴心国发起了第二次世界大战，战争异常惨烈。1945 年，美国向日本的广岛和长崎投下两颗原子弹，杀伤力相当恐怖。

原子弹是核武器中的一种，另外还有氢弹和中子弹。

你知道这种黑科技武器爆炸有多大威力吗？一块手机大小的核燃料≈30 000 000吨煤≈20 000 吨 TNT 炸药。

原子弹　　　　氢弹　　　　中子弹

什么是 TNT 呢？它是一种烈性炸药。如果一颗原子弹爆炸的威力等于 20 万吨 TNT，我们就说这颗原子弹的 TNT 当量是 20 万吨。

这么强大的能量从何而来呢？世界上所有的东西都是由原子构成的，而原子里面有原子核和电子，这些能量就是从原子核里跑出来的。

原子核里有很多更小的粒子，它们就是质子和中子。中子有时会离家出走。这时候的中子好像脱缰的野马，会撞击到其他原子核，发生核裂变。一个原子核变成几个轻一点的原子核，质量转化成能量了。

核裂变的扩散会呈现指数级的增长，威力相当大，主要包括冲击波、热辐射、核辐射这三部分，前两者就和普通炸药性质一样，只是威力是普通炸药的上千倍。而核辐射才是最恐怖的。

23

青霉素

青霉素是抗生素的一种，但每次使用前必须做皮试，以防过敏。青霉素是人类历史上发现的第一种抗生素，它的应用非常广泛。

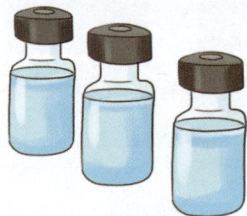

青霉素的发现者是英国的细菌学家亚历山大·弗莱明，正是这次发现让他名垂青史。

1928 年夏，英国的天气特别闷热，伦敦大学圣玛丽医学院赖特研究中心也破例放了暑假。细菌学教授亚历山大·弗莱明连实验台上杂乱无章的器皿都没有收拾好，就去度假了，度假回来后发现器皿长霉菌了。

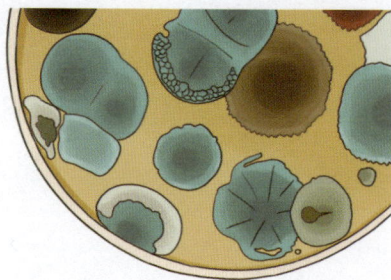

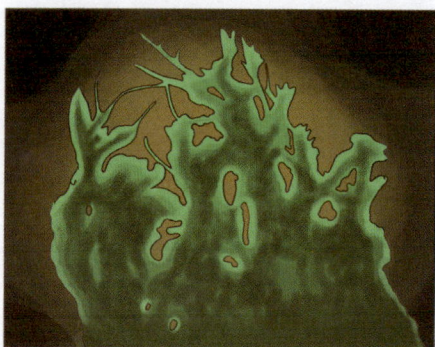

对着亮光，他发现在青绿色的霉菌周围出现一圈空白，透过显微镜，他发现了青霉菌。青霉菌能杀灭白喉棒状菌、炭疽芽孢杆菌和肺炎链球菌等。

20 世纪 40 年代，牛津大学病理学家弗洛里和生物化学家钱恩经过 18 个月的艰苦努力，从青霉菌培养物中提取出了可满足人体肌内注射的黄色粉末状的青霉素。

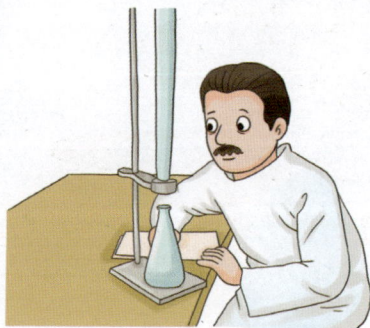

青霉素大量应用以后，许多曾经严重危害人类的疾病，例如曾是不治之症的猩红热、白喉、梅毒、淋病等，都得到了控制。

抗生素

↓细菌

二战爆发后，大量伤员急需治疗，青霉素的生产工艺得到了飞速的发展。青霉素也因此挽救了成千上万人的性命，并且开创了百花齐放的抗生素时代。因此，1945 年的诺贝尔生理学或医学奖颁发给了弗莱明、弗洛里及钱恩三人。

1943 年，出生于苏联的生物化学家瓦克斯曼博士发现另一种有效的抗生素——链霉素。这是一种由生长在土壤里的放线菌所产生的物质，它可以有效地治疗包括肺结核在内的一些疾病。

此后 20 余年内，人们又陆续地发现了氯霉素、金霉素等数十种各有功效的抗生素。

24 尼龙

一战以后，国际局势波谲云诡。美国人骤然发现，天然的生丝（俗称真丝）越来越难买到了，于是有人希望能找到一种人工合成的天然生丝替代品。

> 我是真丝娃娃，我越来越难被买到了。

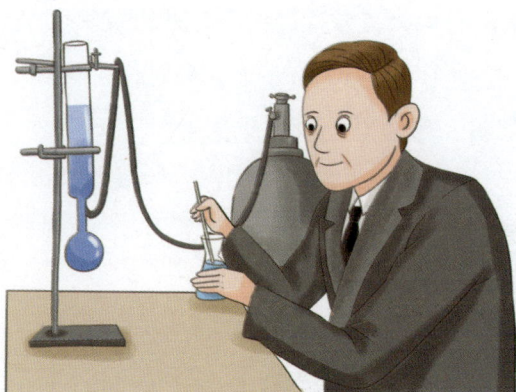

1928年，美国最大的工业公司——杜邦公司成立了基础化学研究所，年仅32岁的华莱士·休姆·卡罗瑟斯受聘担任有机化学部的负责人。

卡罗瑟斯带领他的团队进行了一系列用聚合方法获得高分子量物质的研究。聚合反应是把低分子量的单体转化成高分子量聚合物的过程。

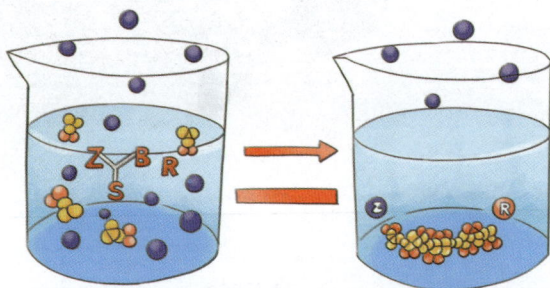

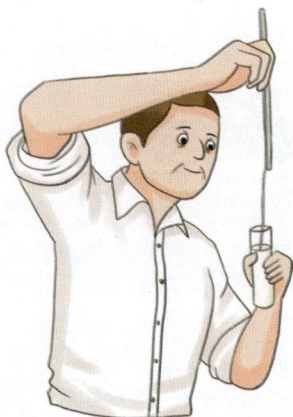

一天，他像往常一样早早地来到实验室，仔细查看前一天的实验。突然，他发现一根试验用的玻璃棒上粘了几缕乳白色的细丝。他立马想到这是上次实验后没有清洗掉的残渣形成的。

他认真研究了这几缕细丝，发现它们不仅能被拉得很长，还不容易拉断。

他立刻着手重复上次的实验，尝试再次制造这种细丝，实验获得了初步成功。后来，经过几年的探索和试验，1935 年，被称为尼龙的人造丝终于被研制出来了。

尼龙，化学名为聚酰胺，是一种人工合成纤维。在生活中尼龙制品随处可见，比如尼龙绳、尼龙袋、尼龙袜等。尼龙最大的特点就是牢固、耐用。

杜邦公司立即组织人手研究尼龙制品，1938 年采用尼龙刷毛的牙刷投放市场。1940 年，尼龙袜问世，迅速获得了女性的青睐。

受第二次世界大战影响，美国工厂里的尼龙原料优先用来生产军用产品，比如防弹衣、鞋带、吊床等。尼龙一度被称为"赢得战争的纤维"。

25

海上战舰

1944 年，苏联向英国租借了一艘战舰，将其改名为"阿尔汉格尔斯克号"，据说它是当时最大的武器。

战舰是什么呢？200 年前，战舰都是装备大炮的木船，彼此接近时才能开炮攻击。现在，战舰都装备着导弹等高科技武器，能从很远的地方打击敌人。

"胜利号"是 1805 年特拉法尔加海战中英军的旗舰，代表了 200 多年前战舰的最高水平。

美国南北战争期间（1861—1865），一艘名为"弗吉尼亚号"的铁甲舰外面包裹着厚铁甲。

16—17世纪，日本水军乘坐一艘叫作"关船"的大型木制战舰出海。

最大的战舰非航空母舰莫属了。一艘航空母舰的飞行甲板就像一个海上机场，长度有300多米。有的航空母舰采用核动力发动机，可以航行好多年而不需要燃料补给。

1. 航空母舰通常可以搭载数十架战斗机。

2. 航空母舰通常装备有导弹和自动火炮，用于防御敌机。

3. 航空母舰上可以搭载6000多名舰员。

4. 航空母舰上的战机都是由一个指挥中心控制的，这个中心叫作舰岛。

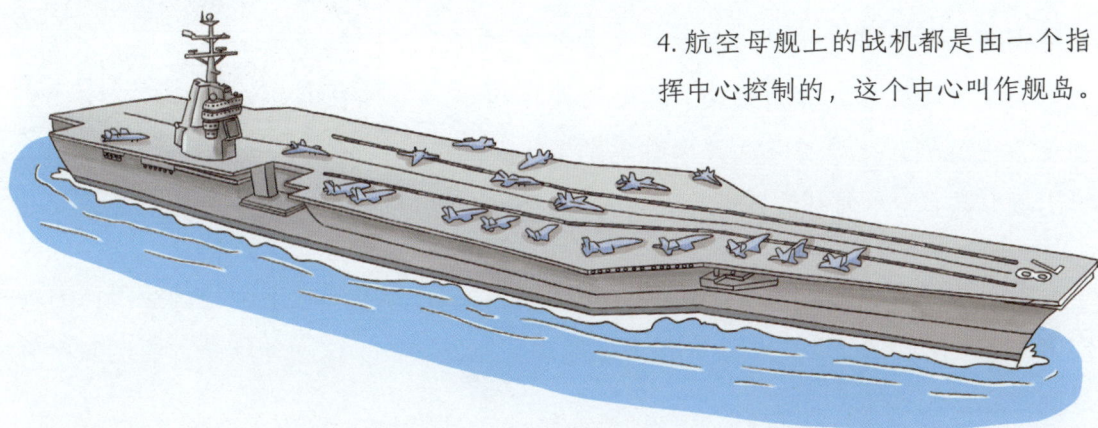

现在，还有一种"隐形"战舰，让敌人难以探测。这种现代化的高科技战舰装备着远程导弹，杀伤性巨大。

26

第一台电子计算机

第二次世界大战打得正激烈，各国武器装备还不是很好，占主要地位的战略性武器就是飞机和大炮，因此研制和开发新型大炮和导弹就显得特别重要。

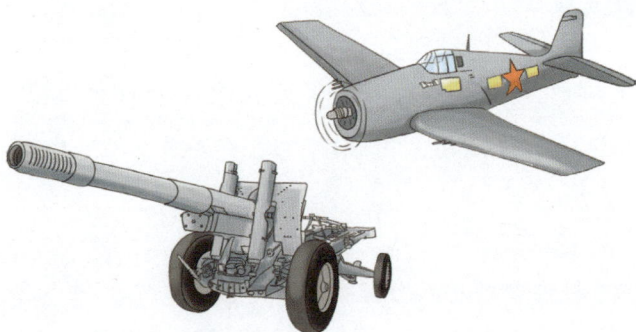

为此，美国军方就专门设立了弹道研究实验室。而设计导弹非常复杂烦琐，其中计算几百条弹道就很麻烦，还没有办法算出准确结果，只能算出近似数。于是研制计算机的想法就产生了。

世界上第一台计算机于 1946 年在美国诞生，名为电子数字积分计算机，简称 ENIAC，是由美国宾夕法尼亚大学专业小组研制发明的。这台计算机主要用于军事设施研究，并未投入民用。

这台计算机体形巨大，占地 160 多平方米，重达 30 吨。它的内部也很复杂，用了 1 万多个电子管、6 万多个电阻器、1 万多个电容器和 6 千多个开关。

【第一台计算机的一生】

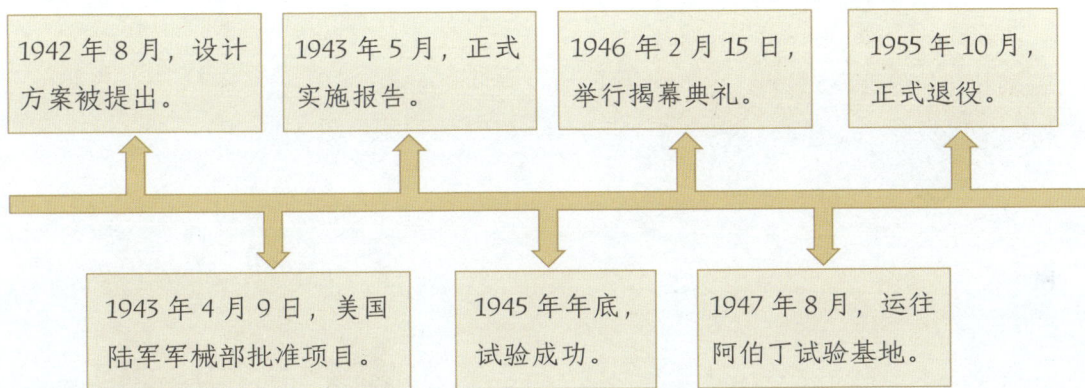

1942 年 8 月，设计方案被提出。

1943 年 5 月，正式实施报告。

1946 年 2 月 15 日，举行揭幕典礼。

1955 年 10 月，正式退役。

1943 年 4 月 9 日，美国陆军军械部批准项目。

1945 年年底，试验成功。

1947 年 8 月，运往阿伯丁试验基地。

电子计算机在代替人们的大脑进行自动运算以及高效率地处理一些信息，实际上是一种帮助人们提高处理能力的工具。

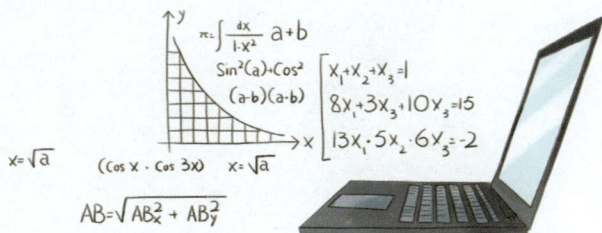

27 神奇的太空探险

长久以来，在太空闪耀的星辰一直吸引着人类。最开始，人们在地球上仔细地观察它们。后来，人们发明并制造了各式各样的机器接近它们，再后来，人们通过派遣机器人、航天员等继续探索太空。

几千年前，在今天的伊拉克所在地，人们建造了很多塔楼，可以更好地观测星象。

现在，人类还在继续向太空发射各种航天器。为了能在这些星球上进行勘探活动，人类还使用了探测器。比如火星勘探车，可以在火星表面执行任务。

人类在太空中也有"眼睛"，它们就是人造卫星，围绕着各个星球转动，便于仔细地观测它们。有些卫星还可以转播电视信号。

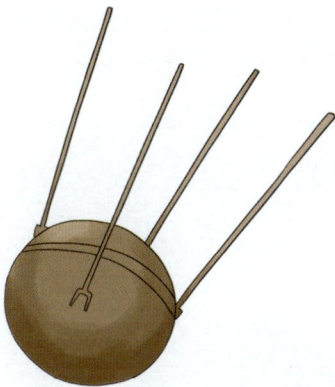

1957 年 10 月，苏联用火箭发射了人造卫星"斯普特尼克 1 号"。最早发送到太空的是一只名叫"莱卡"的小狗，第一个完成太空轨道飞行的人类是航天员尤里·加加林。

火箭把各类航天器发射到太空。发射人造卫星时，火箭的力量可以克服地球的引力，一旦到达合适的高度和速度，人造卫星就开始绕地球转动。如果发射的是深空探测器，它会继续前进；如果要发射载人飞船，就要把航天员送到国际空间站的生活工作舱内。

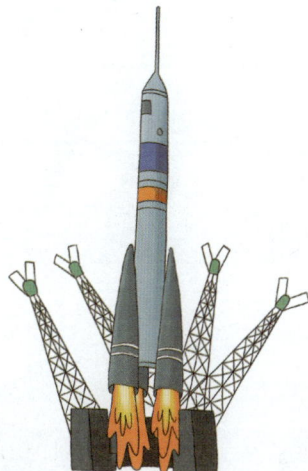

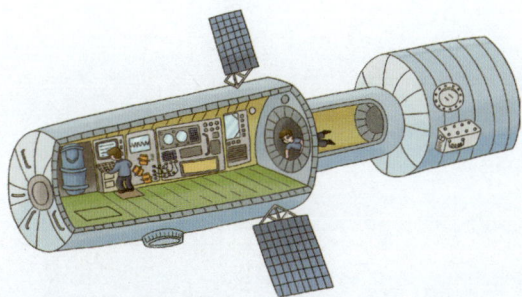

为了长期驻扎太空并在太空做实验，人类创建了国际空间站，宇航员需要带上氧气罐，穿上可调节温度的航天服。

月球是距离地球最近的天然卫星，人类对它的探索欲望也非常强烈。1959 年，俄罗斯人率先拍到了月球的全貌图，并在七年后首次向月球发射探测器。1969 年，美国航天员阿姆斯特朗乘坐"阿波罗 11 号飞船"第一次踏上了月球表面。

28

不需要加油的电动汽车

传统的汽车靠汽油燃烧推动发动机工作。然而，石油能源是会耗尽的，汽车尾气污染也很严重。于是，人们想到了用电代替汽油。

油井枯竭

污染严重

用电取代汽油吧！

人们把车上的内燃机换成了电池和电动机，造出了传说中的"电动汽车"。有了电，不但没尾气，提速也变快。

以磷酸铁锂电池为例，简单了解下它的工作原理吧！

线路接通后，电子会沿着导线，从负极跑到正极。丢了电子的石墨，就会立刻抄近道，跨过电解液中的隔膜，导线里会产生电流，设备就会动起来。灯泡就会亮起来。

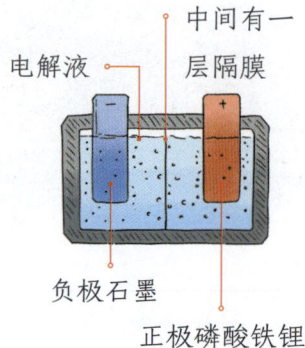

电解液 中间有一层隔膜

负极石墨

正极磷酸铁锂

这种电池的缺点是续航太短，充电也很慢，而且温度太高的话，会产生大量蒸汽，容易导致电池膨胀。

我膨胀了！

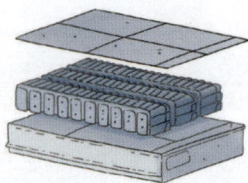

如果再遇到点小磕碰，电池很可能会爆炸起火。而电动汽车内部是由很多这样的电池组成的电池包。

电池爆炸会一节一节地传导。

现在市面上很多汽车都是发动机驱动或者电机驱动的。前者费油、起步慢，但行驶里程长；后者容易没电，行驶里程短，但起步快。

于是，人们把二者融合在一起，发挥各自的优势，共同驱动车辆，这就是"混动"。

混动汽车动力还是不够强，于是，人们用氢气做燃料来发电。这种氢能源汽车不是通过燃烧发电，而是通过化学反应把化学能转化为电能。

哈哈，我是氢能源汽车，快找找我的氢能源发动机在哪里吧？

车上的氢从何而来呢？首先，工厂要制取氢气，主要来源有甲醇、煤炭、天然气和水。然后，把制好的氢气输送到加氢站。最后，把氢气加到车里。

甲醇　煤炭　天然气　水

H_2

①

H_2

安全生产　力争上游

②

③

H_2

29

人工智能的极简生活

1936 年，英国数学家艾伦·图灵提出了著名的"图灵测试"，作为衡量机器智能水平的方法。

人看到数字——展开计算过程——得出计算结果。
机器扫描——程序运作——机器输出结果。

在 1956 年的达特茅斯会上，人工智能的概念首次被提出，英文名为"AI"。之后，人工智能迎来了发展史上的第一个小高峰。

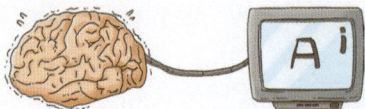

1959 年，人们发明了感知器，用来模拟人脑神经元，识别字母、图片等。

1964 年，首台聊天机器人诞生了。

20 世纪 70 年代，人工智能迎来了第一个寒冬。多亏 1980 年卡内基梅隆大学设计出了第一套专家系统——XCON，把行业专家们的知识和经验打包放进了这台机器里。

各行各业专家知识都装在我这里。

1997 年，一台名叫"深蓝"的计算机战胜了国际象棋世界冠军卡斯帕罗夫，成为人工智能史上的一个重要里程碑。

智能眼镜

智能耳机   智能手机

之后，人工智能开启了平稳向上的发展势头，成果一个比一个厉害，给人们的生活带来了诸多便利。